微观尺度下城市交通 CO_2 排放过程和机理研究

——以北京市奥林匹克中心区为例

郑　吉　李　宇　著

北京

图书在版编目（CIP）数据

微观尺度下城市交通 CO_2 排放过程和机理研究：以北京市奥林匹克中心区为例／郑吉，李宇著.
北京：中国经济出版社，2017.9
ISBN 978-7-5136-4798-4
Ⅰ.①微… Ⅱ.①郑… ②李… Ⅲ.①城市—汽车排放污染—研究—北京 Ⅳ.①X734.201
中国版本图书馆 CIP 数据核字（2017）第 183982 号

责任编辑　余静宜
责任印制　马小宾
封面设计　华子图文

出版发行　中国经济出版社
印 刷 者　北京力信诚印刷有限公司
经 销 者　各地新华书店
开　　本　710mm×1000mm　1/16
印　　张　10.5
字　　数　86 千字
版　　次　2017 年 9 月第 1 版
印　　次　2017 年 9 月第 1 次
定　　价　42.00 元
广告经营许可证　京西工商广字第 8179 号

中国经济出版社 **网址** www.economyph.com **社址** 北京市西城区百万庄北街 3 号 **邮编** 100037

本版图书如存在印装质量问题，请与本社发行中心联系调换（联系电话：010-68330607）

序

《国家新型城镇化规划（2014—2020）》和《2015年中央城市工作会议》明确要求城市建设必须“加强城市精细化管理”，“推动形成绿色低碳的生产生活方式和城市建设运营模式”，我国大城市迫切需要分类指导内部合理布局和绿色低碳运营。城市交通CO_2排放一直以来都是城市碳排放领域持续关注的热点问题，国际城市交通CO_2排放研究重点正在从宏观向中观，并进一步向微观深入。因此，基于微观视角揭示大都市交通CO_2排放过程的一般性和特殊性，对于更为精准地指导城市交通碳减排具有重要意义。

在国家自然科学基金面上项目：“基于微观尺度的典型大都市功能区碳排放过程模拟及优化调控研究”（批准号：41271186）的资助下，本书作者及所在团队以北京市奥林匹克中心区为案例，在国内比较早地开展了微观时空尺度大城市人类活动与碳排放效应的连续定位监测实证研究。在归纳总结国际微观尺度城市交通CO_2排放理论体系、研究方法基础上，建立了我国微观尺度城市交通CO_2排放研究框架，探讨了微观尺度城市交通CO_2排放研究空间边界；基于多源实地监测数据和问卷调研数据，对国际交通CO_2排放MOVES模型进行本地化修正，揭示了不同时间尺度下的城市

交通 CO_2 排放过程和机理，开展了交通 CO_2 排放与城市 CO_2 通量耦合分析，为理解交通 CO_2 排放对城市生态系统的影响提供新思路。

该研究成果丰富，在 *Energy Policy* 等国内外核心期刊发表 10 余篇 SCI、CSCD 论文；核心研究成果支撑的咨询建议报告 1 份得到国家领导人批示，2 份分别被中国科学院信息专报、北京社会科学院要报采用。《微观尺度下城市交通 CO_2 排放过程和机理研究——以北京市奥林匹克中心区为例》一书就是作者对上述研究成果的凝练和总结。该研究成果对于加强微观尺度下城市碳循环研究，人文地理学与生态学、环境科学以及系统科学交叉融合及方法创新，构建城市微观尺度交通 CO_2 排放研究框架和方法具有重要的理论和实践价值。这也是我国人文地理学关于人类活动的环境影响研究由传统的定性描述走向定点监测、精确定量的积极探索和创新突破，对于人文地理学理论与方法创新具有重要意义。

因此，我很高兴为本书作序。希望本书能为国内城市交通 CO_2 排放研究提供参考，能为中国低碳城市建设有所裨益，希望作者继续开拓创新，取得更多优秀成果。

中国生态经济学会副理事长

中国科学院地理科学与资源研究所首席研究员

董锁成

2017 年 9 月

前　言

城市地区贡献了全球70%以上的二氧化碳排放，已经对全球碳循环和气候变化产生了深远的影响。交通CO_2排放量仅低于电力与供热部门，占全社会总排放量的23%（International Energy Agency，2014），是城市终端消费CO_2排放的重要源头，也是导致气候变化和空气污染的重要原因。2007年，我国道路交通CO_2排放占交通CO_2排放的86.32%，是交通CO_2排放的绝对主体。随着经济的快速发展、城镇化进程的不断加快和人民生活水平的日益提高，城市道路交通CO_2排放量上升空间巨大。面对沉重的碳减排压力，城市道路交通将成为实现低碳目标的关键部门。因此，城市交通CO_2排放研究已经成为城市地理学、城市生态学、资源经济学和系统科学等多学科交叉研究的重要命题。

在积极应对气候变化的今天，发展低碳经济和低碳城市逐渐成为全球共识。北京市作为第二批国家低碳省区和低碳城市试点之一，已经进入全面建设现代化国际大都市的新阶段，未来20~30年是北京建设低碳世界城市的关键时期。然而，目前北京人口、资源、环境协调发展压力巨大，改善生态环境和提升资源环境综合承载能力任务艰巨，这些都是北京建设低碳世界城市的突出瓶颈。2013 年，北京市机动车保有量达 537.1 万辆，位居全国之首，由此带来的交通拥堵、环境污染和 CO_2 排放问题十分严峻。《2015 年北京市政府重点工作情况汇编》提出“进一步推进交通节能减排工作”“初步建成交通能耗排放统计监测体系”“实现对能耗排放数据的采集、分析、展示和辅助决策”，将交通碳减排作为一项重要工作。

国际上已有城市宏观尺度交通 CO_2 排放成果为北京市与世界大都市之间比较、评估低碳世界城市和城市碳减排提供了一定的方法借鉴科学依据，但对于精细化城市碳减排政策的制定具有局限性。因此，微观尺度的城市交通 CO_2 排放研究已经成为城市碳排放微观尺度研究的新热点。

本书基于微观视角，以典型大都市功能区——北京市奥林匹克中心区为例，基于通量贡献区 KM 模型分别确定北五环和大屯—北辰西路相交路口两个典型路段的交通 CO_2 排放估算区域，应用多层次递进回归模型对北京市七座及七座以下私人汽油乘用车的排放因子进行重估算，结合交通流量监测分车型解译数据，应用本地化修正后的 MOVES 模型对交通 CO_2 排放进行估算，系统分析 2014 年两个典型路段交通 CO_2 排放在不同时间尺度和不同限行条件下的变化特征，揭示不同类型车辆的贡献特征，并结合 CO_2 通量观测数据，对交通 CO_2 排放与 CO_2 通量的关系进行探索研究。研究成果有利于建立基于微观视角的城市交通 CO_2 排放分析框架，为理解交通对城市碳排放贡献、城市化进程对城市生态系统的影响提供新思路，对于完善城市交通 CO_2 排放统计核算制度和制定精细化的低碳交通发展政策具有重要的实践意义。

本书得到国家自然科学基金面上项目：“基于微观尺度的典型大都市功能区碳排放过程模拟及优化调控研究”（批准号：41271186）资助、“通量贡献区视角下北京市不同区域二氧化碳排放过程及影响机制研究”（批准号：41771182），及科技基础资源调查专项“中蒙俄国际经济走廊城市化与基础设施考察”（课题编号：2017FY101303）资助。本书由中国科学院地理科学与资源研究所郑吉博士生、李宇副研究员共同撰写完成。中国生态经济学会副理事长、中国科学院地理科学与资源研究所董锁成研究员，中国生态系统研究网络（CERN）综合研究中心主任于贵瑞研究员在本书的研究方案方面给予指导；北京市奥林匹克公园管委会委领导以及发展处、市政处领导为该项目的顺利开展提供了全方位的支持；中国科学院地理科学与资源研究所温学发研究员，张雷明副研究员，北京林业大学查天山教授、贾昕博士在碳通量观测数据方面给予支持；环境保护部环境与经济研究政策中心吴玉萍研究员、冯相昭副研究员，交通运输部规划研究院彭虓研究员，北京师范大学赵晗萍副教授、金建君副教授，中国科学院地理科学与资源研究所李泽红副研究员、李富佳副研究员、李飞助理研究员都给予本书指导和帮助；北京工商大学侯晓丽副教授在问卷调研方面提供了支持。本书在撰写过程中借鉴和引用了相关科研工作者的研究方法、结论，在此一并表示衷心感谢。

郑 吉 李 宇

2017 年 9 月

目　录

图目录

表目录

第一章 绪 论

1.1 选题背景

城市是全球碳排放的主要区域，城市化和城市扩展过程必然会对全球碳循环和气候变化产生深远的影响（*Science*，Nancy B. G.，2008）。二氧化碳（CO_2）是人类活动排放最重要的温室气体（IPCC，2003）。城市化石能源二氧化碳排放量占全球的70%以上，全球50个最大城市的二氧化碳排放量总和位居中国、美国之后的世界第3位（*Nature*，Kevin Robert Gurney，2015）。国际上许多城市已经开展碳减排行动，2014年全球228个城市承诺到2020年将每年的二氧化碳排放量减少到4.54亿吨（go. nature. com/inaxr4）。可见，应对全球气候变化，实现碳减排目标，城市区域尤为重要。

据统计，交通CO_2排放量仅低于电力与供热部门，占全社会总排放量的23%（International Energy Agency，2014），交通是城市终端消费CO_2排放的重要源头（吕斌，孙婷，2013），也是导致气候变化和空气污染的重要原因（Felix C. and Dongquan H.，

2009)。美国加利福尼亚州 2006 年交通领域温室气体排放已达到总排放量的 40%（Christopher Yang 等，2009）；2007 年，我国道路交通 CO_2 排放占交通 CO_2 排放的 86.32%，是交通 CO_2 排放的绝对主体（蔡博峰等，2011）。随着经济的快速发展、城镇化进程的不断加快和人民生活水平的日益提高，城市道路交通 CO_2 排放量上升空间巨大。面对沉重的碳减排压力，城市道路交通将成为实现低碳目标的关键部门。

大都市交通 CO_2 排放已经成为城市地理学、城市生态学、资源经济学和系统科学等多学科交叉研究的重要命题。

1.1.1 北京市建设低碳世界城市的迫切性

北京市是国际碳排放研究领域关注的热点城市，如 *Science* 关注了北京人口增长和固体废弃物的碳排放（Nancy B. G.，2008），*Nature* 报道了北京新能源利用与碳减排（Cyranoski 等，2009）。

北京市作为第二批国家低碳省区和低碳城市 29 个试点之一（《国家发改委关于开展第二批低碳省区和低碳城市试点工作的通知》）已经进入全面建设现代化国际大都市的新阶段，未来 20 ~ 30 年是北京建设低碳世界城市的关键时期。然而，目前北京人口、资源、环境协调发展的压力很大，改善生态环境和提升资源环境综合承载能力任务艰巨，这些都是北京建设低碳世界城市的突出瓶颈。

2013 年，北京市机动车保有量达到 537.1 万辆，位居全国之首，远高于其他城市。北京市机动车保有量的80%以上集中于六环范围内（顾朝林，袁晓辉，2012），由此带来的交通拥堵、环境污染和 CO_2 排放问题十分严峻（马静，柴彦威，刘志林，2011）。《2015年北京市政府重点工作情况汇编》提出“进一步推进交通节能减排工作”“初步建成交通能耗排放统计监测体系”“实现对能耗排放数据的采集、分析、展示和辅助决策”，将交通碳减排作为一项重要工作。

已有的研究大多基于城市尺度单元和宏观统计数据进行分析，为北京市与世界大都市之间碳排放比较，评估低碳世界城市发展提供了一定的方法借鉴和科学依据，但基于微观视角，关于北京市 CO_2 排放过程和机理的研究非常有限。因此，基于微观视角深入研究北京市交通 CO_2 排放，对于进一步揭示北京市交通 CO_2 排放的过程和影响机理，更为精确地估算北京市交通 CO_2 排放，有效调控和减少交通 CO_2 排放，实现城市的精准管理，建成低碳世界城市具有重要意义。

1.1.2　实现奥林匹克中心区低碳发展的重要路径

在积极应对气候变化的今天，发展低碳经济和低碳城市逐渐成为全球共识。我国政府承诺到2030年 CO_2 排放达到峰值且将努力早日达峰，单位国内生产总值 CO_2 排放比2005年下降60%～65%（《巴黎协定》《中美气候变化联合声明》）。

《国家新型城镇化规划（2014—2020）》和《2015年中央

城市工作会议》明确要求今后城市建设必须“推动形成绿色低碳的生产生活方式和城市建设运营模式”“加强城市精细化管理”，我国大城市迫切需要分类指导内部合理布局和绿色低碳运营。

我国经济和城镇化的迅速发展产生了更多的城市人口，由此带来对城市交通需求的增加将导致城市交通 CO_2 排放的增加。大都市是我国人口高度密集、产业高度集聚、交通高度发达和能源高度消耗典型区域，节能减排的任务尤为艰巨。奥林匹克中心区作为北京六大高端产业功能区之一，在城市低碳发展的总体目标下，迫切需要通过微观层面的研究指导低碳发展目标的落实。

1.1.3 国际城市碳排放微观尺度研究的热点领域

国际上已有城市宏观尺度碳排放成果为减少城市碳排放提供了一定的科学依据（Erickson P. 等, 2014），但对于制定精确和可操作的城市碳减排政策具有局限性。

城市交通 CO_2 排放一直以来都是城市碳排放持续关注的热点领域，国际城市交通 CO_2 排放研究重点从宏观向中观，并进一步向微观深入（Johanna M. Clifford 等，2012；Hatem Abou-Senna 等，2013；Sze-Hwee Ho 等，2014）。目前，城市交通 CO_2 排放微观尺度研究已经成为城市碳排放微观尺度研究的新热点。

1.2　研究意义

1.2.1　研究的理论意义

第一，有利于探索和建立基于微观视角的适合北京市市情的城市交通 CO_2排放分析框架。在全球气候变暖的背景下，城市交通 CO_2排放已经成为城市地理、城市规划和交通规划等学科研究的热点问题。基于微观视角，积极探索北京微观尺度交通 CO_2排放过程的一般性和特殊性，对于更为高效和精准地指导北京市城市交通碳减排具有重要的理论指导意义。

第二，为交通 CO_2排放与城市碳通量的贡献研究提供新思路。传统的碳通量研究大多着眼于森林、农田等自然生态系统，近年来城市生态系统碳通量研究成为通量研究的热点话题之一。引入城市交通 CO_2排放与碳通量关系分析，为理解交通对城市碳排放的贡献，以及城市化进程对城市生态系统的影响提供新思路。

1.2.2　研究的现实意义

第一，有利于科学制定精准的低碳交通发展对策，为北京市实现低碳世界城市建设提供理论支撑。北京市机动车保有量位居全国之首，远高于其他城市，并且仍有增长的趋势，发展低碳交通是北京低碳世界城市建设的主要内容。具备可操作性的低碳交通对策，更需要有针对性地对微观客体在更精细的时间尺度上实现精准管理。从微观的视角出发，对交通 CO_2 排放进行估算，基于对其在一天内不同时间分段，一周内限行和非限行条件下，以及一年内不同月份等时间尺度上的变化特征分析，有利于制定更为科学可行的低碳交通发展对策，对于北京建设低碳世界城市有着重要的意义。

第二，有助于完善北京市城市交通 CO_2 排放统计核算制度。大多数对于交通 CO_2 排放的已有研究，主要是基于宏观统计数据对于省级和城市尺度单元在年时间尺度上进行粗略估计。基于交通活动数据对微观区域交通 CO_2 排放在更为精细时间尺度的估算，有助于完善北京市交通 CO_2 排放统计核算制度。

1.3 研究区域典型性

本书选择北京市奥林匹克中心区作为案例区域，主要有以下几点原因：

（1）奥林匹克中心区是北京市建设低碳世界城市的重要支撑和示范区；

（2）奥林匹克中心区为国际文体、商务和旅游会展高端产业典型功能区，其发展方向将对国际大都市类型功能区产生深远的影响；

（3）本研究为国家自然科学基金面上项目《基于微观尺度的典型大都市功能区碳排放过程模拟及优化调控研究》（项目批准编号：41271186）的核心研究内容之一，项目的前期工作可以保证数据收集的渠道畅通和实地调研的顺利进行。

研究区位于北京市朝阳区（见图 1-1），根据（《北京城市总体规划（2004—2020）》《北京市国民经济和社会发展第十二个五年规划纲要》）规划，奥林匹克中心区是北京市“十二五”期间重点建设的高端产业功能区，将打造国际文化体育商务中心和大型国际旅游会展中心，是首都经济高端、高效、高辐射发展的重要力量，也是北京市建设低碳世界城市的重要支撑。为保证奥林匹克中心区功能的充分发挥，中心区周边及内部不同等级的城市道路组成了多层次的交通网络：4 条城市主干道贯穿中心区，区内建设城市次干道 14 条，支线道路 6 条，并建有 9.9 千米的地下交通环廊。

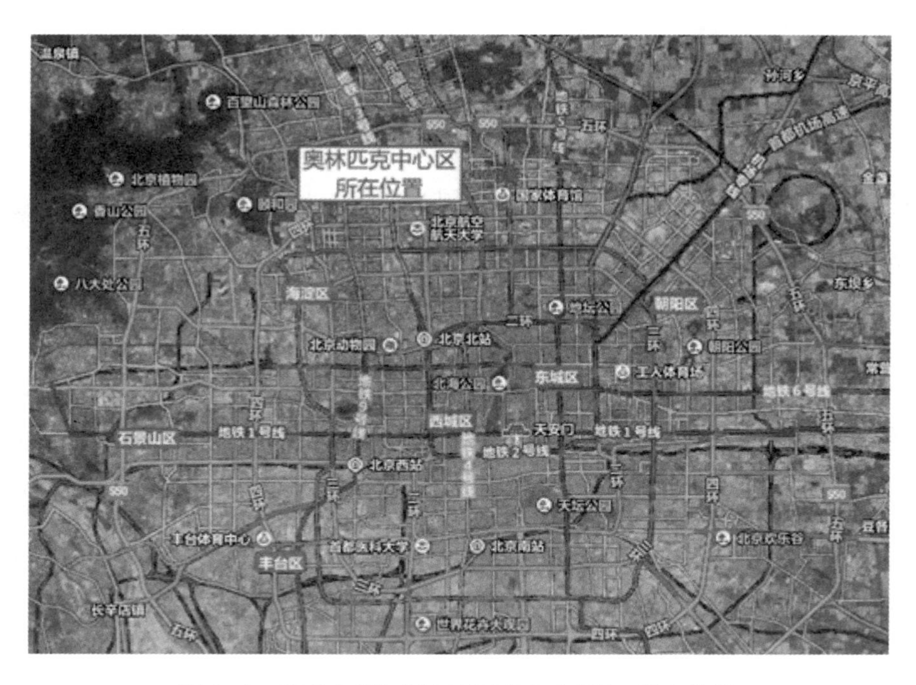

图 1-1 研究区域（奥林匹克中心区）所在位置

从国家大都市区交通碳减排和建设低碳型世界城市战略出发，基于微观尺度视角，以北京市奥林匹克中心区为例，开展交通 CO_2 排放的研究，将为奥林匹克中心区建设低碳产业功能区和北京市建设低碳世界城市提供科学依据，同时对于建立完善北京市大都市交通温室气体排放统计核算制度和其他类似大都市功能区低碳发展具有一定的应用和示范意义。

1.4 研究内容

本研究综合城市地理学、城市生态学、资源经济学和系统科学等多学科的理论和方法，以典型大都市功能区——北京奥林匹克中心区为研究案例，基于通量贡献区 KM 模型，分别确定北五环和大屯—北辰西路两个典型路段的交通 CO_2 排放估算区域，通过“自下而上”的方法，应用多层次递进回归模型对北京市七座及七座以下私人汽油乘用车的排放因子进行估算，结合交通流量监测分车型解译数据，应用本地化修正后的 MOVES（Motor Vehicle Emission Simulator）模型对奥林匹克中心区内大屯—北辰西路相交路口和北五环两个城市典型路段的交通 CO_2 排放进行估算。系统分析两个典型城市路段 2014 年 1 月至 2014 年 12 月交通 CO_2 排放在昼夜尺度和月尺度的动态变化特征，尤其是对有限行的交通高峰日周一和交通平峰日周三、无限行的周六的交通 CO_2 排放进行对比分析，并且揭示不同类型车辆对交通 CO_2 排放的贡献。在此基础上，结合通量观测数据，对大屯—北辰西路相交路口和北五环两个监测点的交通 CO_2 排放与生态系统碳呼吸之间的关系进行探索分析。

1.4.1　基于微观视角的城市交通 CO_2 排放研究框架

着重对国内外基于微观视角的城市交通 CO_2 排放相关研究进行梳理。首先，对交通 CO_2 排放的内涵进行界定，然后着重对交通 CO_2 排放估算方法进行总结，在此基础上，重点探讨城市交通 CO_2 排放估算研究涉及的车型分类体系、排放因子和估算模型研究，以及城市交通 CO_2 排放与碳通量之间的关系相关研究。

1.4.2　奥林匹克中心区交通 CO_2 排放估算研究

本书研究的交通 CO_2 排放为狭义的交通 CO_2 排放。基于通量贡献区 KM 模型，分别确定奥林匹克中心区北五环和大屯—北辰西路两个典型路段的交通 CO_2 排放估算区域，采用“自下而上”的方法，对大屯—北辰西路相交路口研究区和北五环研究区交通 CO_2 排放量进行估算。通过对两个典型路段交通节点实地交通车辆视频采集和车辆分类解译、统计，获得每 30 分钟分车型的车流量数据，根据问卷调查统计分析结合权威机构提供参数，得到分车型的 CO_2 排放因子，继而分别对两个典型路段的交通 CO_2 排放估算，并得出分车型的交通 CO_2 排放对总的交通 CO_2 排放量的贡献率。

研究区车辆分类体系的构建通过系统整理我国交通行业相关管理部门以及北美、欧洲、日本等车辆生产主要国家的车辆分类方法，参考交通 CO_2 排放已有研究对车辆的划分方法，并结合研究区车辆类型特征和车流量实地监测视频解译的实际情况对其车辆类型进行划分。

通过设计问卷和走访调研，获得北京市七座及七座以下私人汽油乘用车车辆物理属性、道路环境状况和驾驶人行为习惯等信息，并在此基础上构建多层次递进式回归模型对其排放因子进行估算。结合国内外权威机构及其他最新研究成果，建立北京市分车型的交通 CO_2 排放因子清单。

1.4.3 奥林匹克中心区典型路段交通 CO_2 排放时间变化特征研究

基于对奥林匹克中心区两个典型路段北五环（环城高速公路）和大屯—北辰西路相交路口（城市主干道）每 30 分钟的交通 CO_2 排放估算结果，对昼夜尺度和月尺度交通 CO_2 排放变化的变化特征进行系统分析，并且着重对限行的交通高峰日周一和交通平峰日周三、不限行的周六条件下的交通 CO_2 排放变化特征进行比较分析，评估北京市交通限行政策在不同时间尺度上对于碳减排的影响效应。同时，揭示不同类型车辆在昼夜尺度和月尺度 CO_2 排放的贡献率。

1.4.4　交通 CO_2 排放与碳通量关系研究

在系统分析案例区两个典型下垫面，大屯—北辰西路相交路口研究区（城市复杂功能下垫面）和北五环（临近环城高速公路的城市公园下垫面）CO_2 排放结构特征的基础上，分析碳通量观测值与交通 CO_2 排放之间的相互关系。

1.5　研究技术路线

本研究为国家自然科学基金面上项目《基于微观尺度的典型大都市功能区碳排放过程模拟及优化调控研究》（项目批准编号：41271186）交通 CO_2 排放核心研究内容。本研究基于北京市建设低碳世界城市的迫切性和奥林匹克中心区低碳发展的需求，在系统梳理国内外交通 CO_2 排放相关研究的基础上，基于通量贡献区 KM 模型分别确定北五环和大屯—北辰西路两个典型路段的交通 CO_2 排放估算区域，应用“自下而上”的 CO_2 排放估算方法，分别对北京市奥林匹克中心区两个典型路段 2014 年每 30 分钟的交通 CO_2 排放进行估算，并且分析其在不同时间尺度上的动态变化规律，以及不同车型车辆的 CO_2 排放贡献率。此外，本研究还进一步分析了案例区交通 CO_2 排放估算值与生态系统碳呼吸之间的相互关系。依据研究结果提出政策建议，指导北京低碳交通优化，建设低碳世界城市。

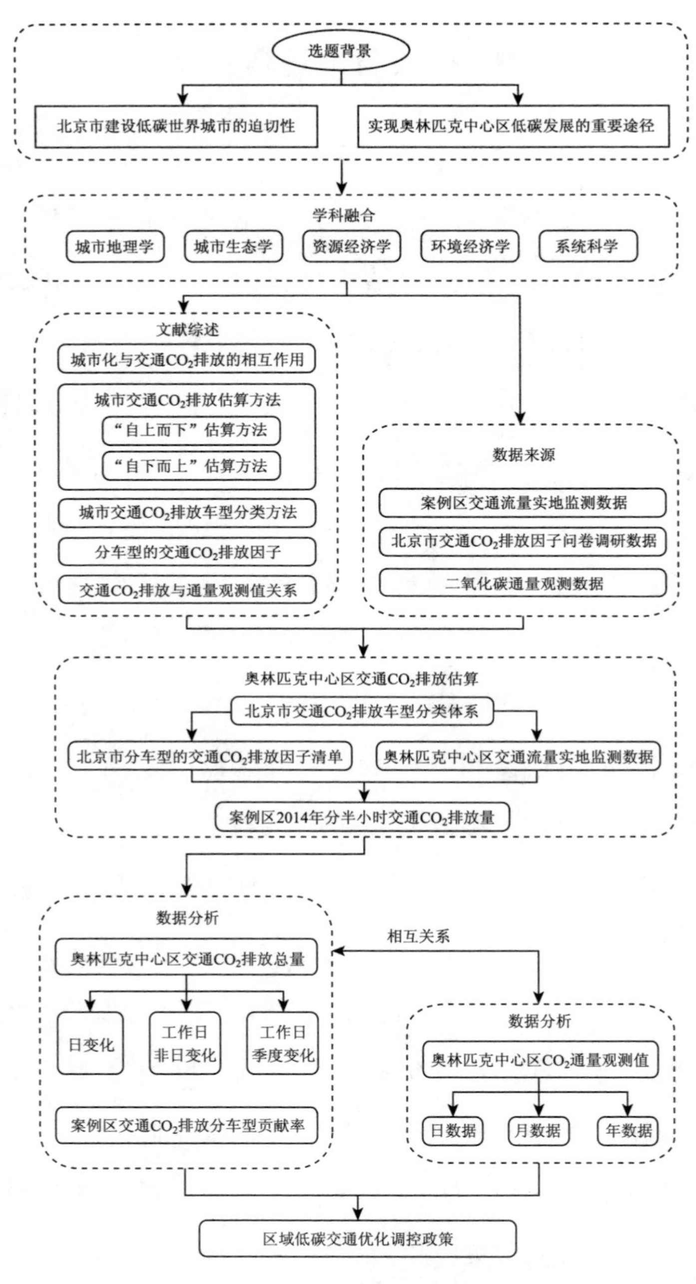
选题背景
北京市建设低碳世界城市的迫切性
实现奥林匹克中心区低碳发展的重要途径
学科融合
城市地理学
城市生态学
资源经济学
环境经济学
系统科学
文献综述
城市化与交通CO2排放的相互作用
城市交通CO2排放估算方法
“自上而下”估算方法
“自下而上”估算方法
城市交通CO2排放车型分类方法
分车型的交通CO2排放因子
交通CO2排放与通量观测值关系
数据来源
案例区交通流量实地监测数据
北京市交通CO2排放因子问卷调研数据
二氧化碳通量观测数据
奥林匹克中心区交通CO2排放估算
北京市交通CO2排放车型分类体系
北京市分车型的交通CO2排放因子清单
奥林匹克中心区交通流量实地监测数据
案例区2014年分半小时交通CO2排放量
数据分析
奥林匹克中心区交通CO2排放总量
日变化
工作日
非日变化
工作日
季度变化
案例区交通CO2排放分车型贡献率
相互关系
数据分析
奥林匹克中心区CO2通量观测值
日数据
月数据
年数据
区域低碳交通优化调控政策

图 1-2　技术路线

第二章 城市交通 CO_2 排放研究进展

结合专家咨询，通过对国内外交通 CO_2 排放研究相关文献的搜集、分析和总结，系统梳理已有相关研究，国际城市交通 CO_2 排放研究重点关注以下六方面内容：一是城市化与交通 CO_2 排放之间的关系；二是城市交通 CO_2 排放的估算方法，尤其是基于微观视角的狭义交通 CO_2 排放估算方法；三是城市交通 CO_2 排放研究的车辆分类方法；四是城市交通 CO_2 排放因子的估算方法；五是交通 CO_2 排放估算模型；六是城市交通 CO_2 排放与城市二氧化碳通量之间的相互关系研究。

2.1 城市化与交通 CO_2 排放相互作用

“影响温室气体源—汇的区域自然—人文过程及其对全球的贡献”“快速城市化过程对区域生物地球化学循环的影响”是地理学未来的重大研究领域（蔡运龙，2011）。2009 年哥本哈根世界气候大会之后，城市化与全球变化的关系得到更多的重视（顾朝林等，2009），“低碳生态城市”“低碳城市”等新概念也不断涌现（沈清基等，2010；李迅等，2010）。城市作为人类社会经济活动的中心，其是否能够实现低碳化的可持续发展，是整个社会实现低碳化可持续发展的关键（中国城市科学研究会，2009）。在伦敦、纽约、东京等世界城市 CO_2 排放结构中，以交通、商业服务和居民消费等方面的排放最为突出（Bloomberg Michael R.，2010；Greater London Authority，2007）。

城镇化与交通之间的关系一直以来都是城市地理、城市规划和交通规划等学科研究的热点问题，在全球气候变暖的背景下，学者们又加入了对能源消耗和 CO_2 排放的考虑。城市交通 CO_2 排放直接来源于城市交通出行，根源于城镇化进程中城市空间功能分异而导致的空间交互。而城市交通 CO_2 排放对城镇化的影响则间接而缓慢，更多地表现为人类应对全球气候变化而采取的城市规划措施（龚永喜等，2013）。目前，国内外研究主要侧重于城镇化与 CO_2 排放总体的相关性研究，而针对城镇化与交通 CO_2 排放之间相互关系的研究较少；国家层面研究较多，城市尺度尤其是大都市微观尺度区域研究成果较少。在国家研究尺度上，已有研究将全球 92 个国家按收入水平分为低、中、高三组，应用 STIRPAT 模型分别对 1975—2005 年的国家交通和道路能源利用进行研究，发现城镇化对交通和道路能源利用具有正向影响，城镇化率每增加 1%，低、中、高三组样本的国家交通和道路能源利用率分别增长 0.81%、0.37% 和 1.33%（Phetkeo P. 等，2012）。城镇化对交通碳排放的作用尚未有定论，一些学者认为城镇化过程中机动化的增强和出行距离的增加会导致交通能源需求和利用的增加，进而导致交通 CO_2 排放的增加，也有研究认为发达国家的城镇化导致了较少的交通能源利用和 CO_2排放。

综上所述，城市化与交通 CO_2 排放关系已有研究大多为基于国家和城市尺度单元的宏观统计数据分析城镇化与交通 CO_2 排放之间的相互关系，为宏观视角进行世界大都市之间交通 CO_2 排放比较等方面提供方法借鉴和科学依据。然而，宏观研究结果对于精确计算交通 CO_2 排放，以及更加高效、精准地调控城市交通 CO_2排放尚存在较大的不足。

2.2　城市交通 CO_2 排放估算方法

根据估算范围的不同，将交通 CO_2 排放分为广义交通 CO_2 排放和狭义交通 CO_2 排放。广义的交通 CO_2 排放涵盖车辆的制造、使用和回收，燃料的生产、运输、储存和分配等环节（见图 2-1）；狭义的交通 CO_2 排放主要指交通工具在行驶过程中产生的 CO_2排放。由于广义的交通 CO_2排放估算适用于产品，而狭义的交通 CO_2排放更适用于区域，能够真实反映由交通工具燃料消耗产生的 CO_2排放。本书对奥林匹克中心区内大屯—北辰西路和北五环两个典型路段的狭义交通 CO_2 排放量进行估算，因此，着重对狭义交通 CO_2排放的估算方法进行梳理。

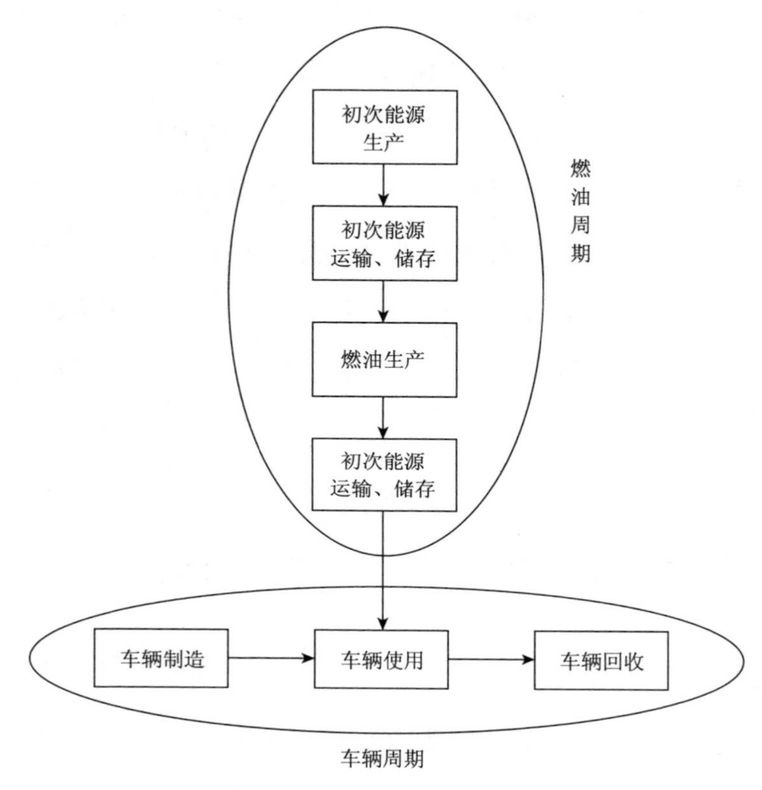

图 2-1　交通 CO_2排放生命周期

目前，国内外已有的关于交通 CO_2排放估算方法的研究，主要依据 IPCC 国家温室气体排放清单（2006）提供的移动源 CO_2框架以及在其基础上进行的改进。IPCC 移动源 CO_2排放估算方法可以分为两大类：（1）“自上而下”的估算方法；（2）“自下而上”的估算方法。从估算原理来看，“自上而下”方法基于交通工具能源消耗量和能源 CO_2排放折算因子乘积的总和来估算；“自下而上”方法基于车型、分车型的保有量、行驶里程、单位行驶里程燃料消耗等数据进行估算。

“自上而下”方法所需数据为交通部门燃料消耗宏观统计数据，全国和分省数据相对容易获得，有助于在宏观层面制定相应的政策，对全国和分省的交通 CO_2 排放量进行调控和优化。然而，目前我国交通能耗数据的统计口径与国际的统计口径存在着较大差异，主要体现在：（1）在行业划分上，中国将交通运输与仓储、邮政业划分为一个行业进行统计；（2）中国的公路运输能耗只统计了交通部门运营车辆的能耗，未统计社会其他部门行业及私人车辆的能耗，这部分差异涉及范围广泛，能耗数值大，对于计算交通能耗水平有很大的影响。

“自下而上”估算方法所需要的数据非常精细，目前我国交通行业相关管理部门对于汽车的分类不一致，无法直接从相关部门的统计数据中获得“自下而上”估算方法所需的数据。然而，应用“自下而上”方法估算交通 CO_2 排放，更适用于针对微观区域和精细尺度的交通 CO_2 排放估算研究，该方法考虑到车辆间排放的差异，并可结合包括驾驶行为等在内的多种影响因素对排放因子制定系统性的清单和相对灵活的调整，有助于深入分析交通 CO_2 排放及其影响因素之间的定量关系，使制定的政策更加科学与公平。

表 2-1　“自上而下”与“自下而上”交通 CO_2 排放估算方法比较分析

	“自上而下”方法	“自下而上”方法
计算原理	基于交通工具能源消耗量和能源碳排放折算因子乘积的总和来估算	根据“活动—交通方式比重—密度—油耗”的思想（Lee Schipper 等，2000），基于分车型的保有量、行驶里程、单位行驶里程燃料消耗等数据进行估算
公式	$Emission = \sum_{a}[Fuel_{a} \times EF_{a}]$	$Emission = \sum_{a,b,c,d}[Distance_{a,b,c,d} \times EF_{a,b,c,d}] + \sum_{a,b,c,d} C_{a,b,c,d}$
	式中，Emission 为 CO_2 的排放量（kg）；$Fuel_a$ 为燃料消耗数据（TJ）；EF_a 为排放因子（kg/TJ），考虑燃料的含碳量及氧化率；a 为燃料类型	式中，Emission 为 CO_2 的排放量（kg）；$Distance_{a,b,c,d}$ 为一个给定的移动源活动的热稳定发动机运行阶段行驶里程（km），$EF_{a,b,c,d}$ 为排放因子（kg/km），$C_{a,b,c,d}$ 为冷启动阶段的排放，d 为运行状况，如道路类型、气候等
优点	数据相对容易获得； 有助于在宏观层面制定相应的政策，有助于对分省的交通 CO_2 排放量进行调控和优化	更适用于微观区域交通碳排放估算； 有助于深入分析交通 CO_2 排放及其影响因素之间的定量关系，制定更加科学与公平的政策
不足	目前我国交通能耗数据的统计口径与国际的统计口径存在着较大差异，对于计算交通 CO_2 排放有很大的影响	无法直接从相关部门的统计数据中获得估算所需的数据

目前，国内已有交通 CO_2 排放估算相关研究大多采用“自上而下”的方法，基于燃料消耗的统计数据计算交通 CO_2 排放（Jidong Kang 等，2014；Chuanguo Zhang，and Jiang Nian，2013；苏涛永等，2011）。然而，由于本研究的案例区为微观区域，无法直接获得车辆在该区域消耗的燃料统计数据，且“自下而上”方法在国外的交通 CO_2 排放领域已经得到了相对广泛的运用

（Christian B. 等，2013；Mensink，C.，De Vlieger，I.，Nys，J.，2000）。同时，出于提高对研究区交通 CO_2 排放估算准确度和时间精度等方面的考虑，本书选取“自下而上”方法对北京市奥林匹克中心区内北五环和大屯—北辰西路相交路口两个典型路段的交通 CO_2 排放进行估算，通过对奥林匹克中心区交通节点的车流量实地监测，以及应用多层次递进回归模型，基于对北京市七座及七座以下私人汽油乘用车进行问卷调查获取的单位里程燃料消耗、车辆自身属性、道路交通状况和驾驶行为习惯等多方面信息对其 CO_2 排放因子进行估算，尝试对“自下而上”方法进行改进，为城市微观区域交通 CO_2 排放估算提供参考和借鉴。

2.3　交通 CO_2 排放车辆分类体系研究

目前，我国交通行业相关管理部门对于车辆的分类方法不一致，其中具有代表性的是 2002 年 3 月国家质量监督检验检疫总局颁布的我国新的汽车分类标准《汽车和挂车类型的术语和定义》（GB/T3730.1-2001）将汽车类型划分为乘用车和商务车两大类（见表 2-2）；旧标准 GB/T3037.1-1988 将汽车类型划分为 8 种，目前很多管理部门的车型分类依然延续传统的车辆分类方法：公安部《机动车登记工作规范》将车辆分为载客汽车、载货汽车、摩托车、农用运输车、拖拉机、挂车等 6 种类型；环保部《中国机动车污染防治年报》在研究全国机动车污染物排放量和制定机动车污染物排放标准等机动车污染防治工作中，将车辆分为载客汽车、载货汽车、低速汽车和摩托车等类型；海关部门在统计汽车进出口数据时，将汽车分为轿车、除轿车以外的乘用车、大中型客车、载货车、低速汽车等5类。

国际上，不同国家的车辆分类也有较大差异，如北美地区将车型分为轿车和轻型车，欧洲国家将汽车大体分为卡车、轿车和巴士，IPCC国家温室气体清单将车辆分为轿车、轻型卡车、重型卡车、公交车和摩托车等。

表 2-2　国家标准（GB/T3730.1-2001）车型分类

<table>
<tr><td rowspan="16">乘用车</td><td>普通乘用车</td><td rowspan="16">商用车辆</td><td rowspan="9">客车</td><td>小型客车</td></tr>
<tr><td>活顶乘用车</td><td>城市客车</td></tr>
<tr><td>高级乘用车</td><td>长途客车</td></tr>
<tr><td>小型乘用车</td><td>旅游客车</td></tr>
<tr><td>敞篷车</td><td>交接客车</td></tr>
<tr><td>仓背乘用车</td><td>无轨电车</td></tr>
<tr><td>旅行车</td><td>越野客车</td></tr>
<tr><td>多用途乘用车</td><td>专用客车</td></tr>
<tr><td>短途乘用车</td><td>半挂牵引车</td></tr>
<tr><td>越野乘用车</td><td rowspan="7">货车</td><td>普通货车</td></tr>
<tr><td>专用乘用车</td><td>多用途货车</td></tr>
<tr><td>旅居车</td><td>全挂牵引车</td></tr>
<tr><td>防弹车</td><td>越野货车</td></tr>
<tr><td>救护车</td><td>专用作业车</td></tr>
<tr><td>殡仪车</td><td rowspan="2">专用货车</td></tr>
</table>

应用“自下而上”估算方法相对精确地估算城市交通 CO_2 排放量需要对车辆进行合理的分类，同时车辆分类可以反映不同交通方式产生的 CO_2 排放对研究区域交通 CO_2 排放总量的贡献（Dongquan He 等，2011）。关于国内外交通 CO_2 排放相关研究车辆分类研究见表 2-3。

表 2-3　国内外估算交通 CO_2 排放相关研究车辆分类方法比较

分类方式	研究区域	研究时间	文献出处	分类依据或基础
载客汽车：大型、中型、小型、微型 厢式货车：大型、中型、小型 公交车：城市公交、城际公交 载重汽车：重型、中型、轻型 出租车 （结合燃料类型）	韩国	2007 2008	Younggguk Seo 等（2013）	研究为获得韩国主要道路的车辆温室气体排放；车流量数据易获得；车辆监测系统完善；结合国家环境研究所（NIER）提供的排放因子数据进行分类
载客汽车：小型 载重汽车：重型、轻型 运动型多用途汽车（SUV） 公交车、出租车	布宜诺斯艾利斯大都市区（南美）	2006	Ariela D Angiola 等（2010）	为获取当地分车型的排放因子，基于已有的车型分类
载客汽车、载货汽车、公交车、摩托车 （结合车龄）	普吉特海湾（美国）	2006	Jinhyun Hong 等（2013）	基于普吉特海湾区市政局家庭活动调查数据
公交车、摩托车、私家车、长途汽车	加拿大温哥华英属哥伦比亚社区	2008—2010	Christen A. 等（2011）	研究为估算加拿大温哥华英属哥伦比亚的建筑、交通、人口、植被等碳排放量，对车辆类型划分较粗

续表

分类方式	研究区域	研究时间	文献出处	分类依据或基础
载客汽车：私家车、商务车、出租车 摩托车、电动自行车、公共汽车（结合燃料类型）	中国分省	2014	Han Hao 等（2014）	仅研究城市客运车辆碳排放
公共交通： 快速公交（Bus Rapid Transit，BRT）、普通公交、出租车 私人交通：小轿车	中国厦门	—	Jian Zhou 等（2013）	探索交通能耗和聚落形态转变的关系和内在机理，因此将其分为公共交通和私人交通两种，未对私人交通进行进一步划分
载重汽车：重型、中型、轻型、微型 公交车：重型、中型、轻型、微型 轿车、摩托车 （结合燃料类型）	中国	1997—2002	Kebin He 等（2005）	估算中国道路交通部门 CO_2 排放现状
私家车、商务车、摩托车、BRT、公交车	中国济南	2009	Dongquan He 等（2011）	探索公共交通的进步对减少交通碳排放的影响，因此未对私人交通进行详细划分
载客汽车：大型、中型、小型、微型 载重汽车：重型、中型、轻型、微型 出租车、公交车、摩托车	中国南京	2002—2009	Jun Bi 等（2011）	建立中国城市工业能源消耗、交通、家庭能源消费、商业能源消费、工业过程和废物等 6 个部门的排放清单
私人小汽车、出租车、普通公交车、BRT、摩托车	中国广州 4 个典型社区	2012—2013	黄晓燕等（2014）	基于居民日常通勤行为的微观角度进行测算

2.4　城市交通 CO_2 排放因子

2.4.1　城市交通 CO_2 排放因子估算方法

科学地估算交通 CO_2 排放因子（Emission Factor，EF）是估算交通 CO_2 排放量的关键环节。目前，对交通 CO_2 排放系数进行估算的方法主要有台架试验法、车载测量法、隧道实验法和遥感法 4 种。本书对国内外常用的交通 CO_2 排放系数估算方法以及其优缺点进行了梳理，见表 2-4。

表 2-4　交通 CO_2 排放系数估算方法

方法	技术手段	优势	不足	文献出处
台架试验法	标准定容取量技术（Standard Constant Volume Sampling）	（1）可以对影响车辆 CO_2 排放系数的主要变量进行控制； （2）估算结果准确度高	（1）费用高； （2）无法刻画真实路况下车辆行驶过程中的 CO_2 排放系数	Felicitas M. 等（2014） Carlo B. 等（2010）
车载测量方法	移动追踪技术； 便携式排放测量管理系统（portable emissions measurement systems，PEMS）	（1）相对台架实验更接近车辆真实行驶过程； （2）可以对车辆载重等部分影响车辆 CO_2 排放系数的变量进行控制	（1）费用较高，不适合大样本研究； （2）对气象条件要求较高； （3）车载系统的重量会对结果产生一定的影响	Marina K. 等（2013） Xing Wang 等（2011）

续表

方法	技术手段	优势	不足	文献出处
隧道实验	测量隧道入口和出口污染物浓度，结合隧道特征、交通流量、隧道空气流动和稀释因子估算交通 CO_2 排放系数	（1）适合大样本量研究； （2）与车载测量方法相比，受气象条件的影响较小	只能反映简单的行驶状况，车辆的冷启动状态和车辆载重等都为假设情况	Zhiliang Yao 等（2015） Adam K. 等（2004）
遥感方法	通过 IR/UV 比率计算交通 CO_2 平均排放系数	（1）对大样本量车辆排放直接测量； （2）基于特定的车速和加速情况，相对假设平均车速进行估算更为准确	将测量值转为排放因子需要做许多假设	Hui Guo 等（2007）

大多数交通 CO_2 排放因子来自台架实验对车辆 CO_2 排放测量结果，该方法可以对影响交通 CO_2 排放因子的主要条件进行控制，获得的排放系数结果比较准确，然而其费用高，且无法刻画真实行驶情况下的交通 CO_2 排放。相比于台架实验方法，车载测量方法更适用于真实行驶条件，但是基于时间和费用，仍然不适用于大样本研究。隧道实验相比于以上两种方法，更适用于大样本量的车辆排放因子，然而隧道行驶环境与路面环境相差较大。与隧道实验类似，遥感方法也可以直接对大样本量的车辆 CO_2 排放系数进行研究，且可以得到给定速度和加速度条件下的排放，但通过 IR/UV 比率估算 CO_2 排放系数需要进行多个假设，影响了该方法估算车辆 CO_2 排放系数的准确度。目前，排放因子研究方法不断从实验室向真实世界转变。

2.4.2　国内外交通 CO_2 排放因子/油耗系数

目前，环保部发布的《轻型汽车污染物排放限值及测量方法（中国第五阶段）》《城市车辆用柴油发动机排气污染物排放限值及测量方法（WHTC 工况法）》等均未涉及 CO_2 排放因子。仅有国家发展和改革委员会应对气候变化司编著的《2005 中国温室气体清单研究》（2014）针对 2005 年全国范围的分车型交通 CO_2 排放因子进行了系统研究，并给出了分车型交通能耗系数清单，见表 2-5。

本研究梳理了国际权威机构和近 5 年学术论文中分车型的交通 CO_2 排放系数，见表 2-6。

表 2-5　《2005 中国温室气体清单研究》分车型能耗参数

车型		百千米油耗
汽油机动车		
摩托车		2.0
客车	轿车	9.0
	其中：出租车	9.5
	微型客车	9.3
	轻型客车（MPV、SUV，9 座以下）	12.0
	公共汽车	25.0
	中型客车	15.0
	大型客车	25.0
货车	微型货车	9.0
	轻型货车	14.0
	中型货车	20.0
	重型货车	30.0
	其他特种车	25.0

续表

车型		百千米油耗
柴油汽车		
客车	轿车	7.0
	其中：出租车	7.0
	微型客车	8.0
	轻型客车（MPV、SUV，9座以下）	10.0
	公共汽车	20.0
	中型客车	12.0
	大型客车	20.0
货车	微型货车	8.0
	轻型货车	10.0
	中型货车	15.0
	重型货车	28.0
	其他特种车	20.0
天然气汽车		
客车	轿车	9.4
	其中：出租车	9.5
	轻型客车	12.0
	公共汽车	25.0
	中型客车	15.0
	大型客车	25.0
LPG 汽车		
客车	轿车	6.7
	其中：出租车	6.7
	轻型客车	8.4
	公共汽车	17.5
	中型客车	11.0
	大型客车	17.5

注：百千米油耗单位：汽柴油车为 L/100km，天然气车为 m^3/100km，LPG 车为 kg/100km。

表 2-6　国内外分车型交通 CO_2排放系数/油耗系数

<table>
<tr><th colspan="7">载客汽车</th><th colspan="3">载货汽车</th><th colspan="3">公交车</th><th rowspan="2">其他</th><th rowspan="2">单位</th><th rowspan="2">来源</th><th rowspan="2">时间</th></tr>
<tr><th>大型</th><th>中型</th><th>小型</th><th>普通轿车</th><th>SUV</th><th>出租</th><th>面包车</th><th>重型</th><th>中型</th><th>轻型</th><th>普通</th><th>加长</th><th>双层</th></tr>
<tr><td>—</td><td>—</td><td>—</td><td colspan="3">0.368</td><td>—</td><td colspan="2">1.456</td><td>0.501</td><td colspan="3">0.058
（单位：人·英里）</td><td>摩托车：0.197</td><td>kg/英里</td><td>EPA（Environmental Protection Agency, United States）</td><td>2014</td></tr>
<tr><td>235.7（汽油）</td><td>212.9（汽油）</td><td>180.9（汽油）</td><td colspan="2">137.8（汽油）</td><td rowspan="2">231（液化石油气）</td><td>—</td><td>1382.4（柴油）</td><td>315.1（柴油）</td><td>243.3（柴油）</td><td colspan="3">1382.4（柴油）</td><td>—</td><td rowspan="2">g/km</td><td rowspan="2">NIER（National Institute of Environmental Research, Korea）</td><td rowspan="2">2005</td></tr>
<tr><td colspan="5">243.3（柴油）
231.0（液化石油气）</td><td>—</td><td>—</td><td>—</td><td>251.7（汽油）
190.2（液化石油气）</td><td colspan="3">—</td><td>柴油拖车812.2</td></tr>
<tr><td>—</td><td>—</td><td>—</td><td colspan="4">面包车（柴油）：
y=2676.7v-0.3344
（v<65km/h）
y=1.3034v+548.56
（v>=65km/h）</td><td colspan="3">中型卡车（柴油）：
y=1828.9v-0.4409
（v<65km/h）
y=0.2162v+309.46
（v>=65km/h）
轻型卡车（柴油）：
y=1135.2v-0.4668
（v<65km/h）
y=2.2307v+25.76
（v>=65km/h）</td><td colspan="3">柴油：
y=3659.4v-0.3148
（v<=47km/h）
压缩天然气：
y=4539.1v-0.4587
（v<=47km/h）</td><td>—</td><td>g/km</td><td>NIER（National Institute of Environmental Research, Korea）</td><td>2008</td></tr>
</table>

续表

载客汽车							载货汽车			公交车			其他	单位	来源	时间
大型	中型	小型	普通轿车	SUV	出租	面包车	重型	中型	轻型	普通	加长	双层				
							轻型厢式货车（柴油）：y=1671.3v-0.5453（v<65km/h）y=0.7447v+130.78（v>=65km/h）轻型厢式货车（液化石油气）：y=1862.6v-0.6044（v<65km/h）y=0.4717v+125.54（v>=65km/h）									
—	—	—	256（汽油）182（柴油）202（压缩天然气）	327（汽油）234（柴油）272（压缩天然气）	182（柴油）202（压缩天然气）	—	837（柴油）	—	365（汽油）252（柴油）288（压缩天然气）	771（柴油）			—	g/km	Ariela D Angiola 等（2010）南美，道路测量	2006

续表

载客汽车							载货汽车			公交车			其他	单位	来源	时间
大型	中型	小型	普通轿车	SUV	出租	面包车	重型	中型	轻型	普通	加长	双层				
—	—	—	—	—	—	—	—	—	—	排量 5.9L，柴油，欧Ⅲ标准：1106.49 排量 6.7L，柴油，欧Ⅳ标准：814.69 排量 5.9L，压缩天然气，欧Ⅳ标准：1130.63			—	g/km	Aijuan Wang 等（2011）北京，道路测量	—
—	—	—	0.092（标致308）	—	—	—	—	—	—	—			—	L/km（汽油）	Felicitas M. 等（2014）台架试验	2009
—	—	—	—	—	—	—	—	—	—	1411（柴油） 1170（压缩天然气）			—	g/km	Lisa A. Graham 等（2008）底盘测功机	—
—	—	—	219			—	1422	—	—					g/km	P. J. Perea-Maretinez 等（2014）	2011

2.5 交通 CO_2 排放估算模型

2.5.1 交通 CO_2 排放模型研究进展

在交通 CO_2 排放估算模型方面，国内外应用比较广泛的有 MOBILE、COPERT（Marina Kousoulidou 等，2013；Jianlei Lang 等，2014；Xianbao Shen 等，2015）、IVE（Shreejan Ram Shrestha 等，2013；Qingyu Zhang 等，2013）、MOVES（Johanna M. Clifford 等，2012；Hatem Abou-Senna 等，2013）和 CMEM（Sze-Hwee Ho 等，2014）等。

MOBILE、COPERT、IVE 等模型以平均速度表征参数，适用于宏观和中观尺度。MOBILE（Mobile Source Emission Factor Model）是目前世界上应用最为广泛的交通 CO_2 排放估算模型，适用于计算区域性交通 CO_2 排放，然而，其不能充分反映真实道路情况，计算精度有待提高。COPERT（Computer Program to Calculate Emissions from Road Transport）模型是欧洲使用最为广泛的交通 CO_2 排放估算模型，和 MOBILE 相比车型分类更加详细，然而，其弱化了车龄、燃油等对车辆排放的影响，对估算结果的精确度产生了一定的影响。IVE（International Vehicle Emission Model）模型相比于前两种模型有利于进行本地化处理，但排放率获取是通过修正模型内嵌排放率得到，对估算结果有影响。

CMEM 模型和 MOVES 模型都可以对宏观、中观和微观尺度区域的交通 CO_2进行估算。CMEM 模型（Computer Program to Calculate Emissions from Road Transport）建立在发动机瞬时状态与 CO_2排放之间的物理关系基础上，适用于微观角度对轻型机动车在不同行驶状态时对其燃油消耗和 CO_2 排放进行估算。然而，CMEM 模型系统复杂且源代码不开放，难以对模型进行本地化处理，导致可移植性不强。MOVES（Motor Vehicle Emission Simulator）模型是 EPA（the United States Environmental Protection Agency，EPA）推荐使用的用于预测交通 CO_2排放最为先进的工具，也是国际上交通 CO_2排放模型最新的研究方向之一。MOVES 模型包含宏观、中观和微观 3 种情况，与行驶工况结合，综合考虑气象、燃油以及 I/M 制度等因素，其数据库管理系统开放，可依据研究区域状况对其进行本地化处理，该模型对不同地区具有较强的适应性。MOVES 模型项目尺度适用于特定道路、交叉口等城市街区尺度的交通 CO_2排放分析。

目前，世界上交通 CO_2排放模型的研究方向正在从平均速度代用参数向机动车行驶工况对排放的影响转变，研究重点从宏观向中观、微观深入。

表 2-7 交通 CO_2 排放模型比较分析

模型	开发组织	数据来源	适用范围	优点	缺点	可移植性	计算精度
MOBILE（Mobile Source Emission Factor Model）	美国环保署（EPA）	台架试验	针对宏观道路源	（1）应用最广泛； （2）数据库积累丰富	（1）无法满足宏观、中观和微观不同层次上的移动源排放综合分析； （2）无法反映行驶状态变化对排放的影响； （3）主要面对美国城市情况开发	开放的程序源代码，使用者可以根据当地情况选择需要修正的部分	精度有待提高
MOVES（Motor Vehicle Emission Simulator）	美国环保署（EPA） 加州大学河边分校（UCR） 北卡州立大学（NCSU）	道路实测	适用于宏观、中观和微观，其中项目尺度分析适用于道路、交叉口尺度能源和 CO_2 排放分析	（1）灵活。包含宏观、中观和微观 3 种情况； （2）开放性的数据库管理系统，对不同地区具有较强的适应性； （3）准确性较好	进行本地化修正时需要数据量大，在数据获取方面具有一定的难度	开放的数据库管理系统，具备较强的可移植性	计算精度较高

续表

模型	开发组织	数据来源	适用范围	优点	缺点	可移植性	计算精度
COPERT（Computer Program to Calculate Emissions from Road Transport）	欧洲环保署（EEA）	台架试验	宏观模型，用来测算国家或城市的交通油耗排放总量和发展趋势	（1）车型分类详细，对不同排放标准及交通数据缺乏的国家和地区有较好的适应性； （2）能兼容我国目前和未来一段时间内的机动车排放控制标准	（1）弱化了车龄、燃油信息等对车辆排放的影响； （2）无法反映行驶状态变化对排放的影响； （3）计算一年中排放量，时间区分度不高	源代码不开放，修正经验较少，可移植性不强	精度有待提高
CMEM（Comprehensive Modal Emission Model）	加州大学河边分校（UCR）	台架试验	微观模型，适用于轻型车	（1）微观模型中应用较为广泛； （2）对工况的代表性和测试车辆的覆盖性要求不是很高，需要更新的数据量较小	模型涉及车辆物理参数和行驶工况参数2个模块，共47个参数，参数设置复杂，所需数据量大，对数据要求高	系统复杂，参数之间联系紧密，模型难以修改，可移植性不强	计算精度高
IVE（International Vehicle Emission Model）	国际可持续发展研究中心（ISSRC） 全球可持续体系研究组织（GSSR） 加州大学河边分校（UCR）	台架试验 实际测量	适用于宏观道路源，针对发展中国家	（1）充分考虑行驶工况特征； （2）对不同国家的适应性较高	排放率获取通过修正模型内嵌排放率得到，计算精度受到一定的影响	基础排放因子修正界面，操作简单	精度有待提高

2.5.2 MOVES 模型选择及软件介绍

本研究根据模型开发的权威性、适用的空间尺度范围、估算的时间尺度精度、可移植性和估算的准确性等方面的优缺点，并参照模型使用的广泛程度，选取 MOVES 模型作为案例区交通 CO_2 排放估算软件计算北京市奥林匹克中心区两个典型城市道路路段在每 30 分钟的交通 CO_2 排放。

MOVES（Motor Vehicle Emission Simulator）模型是由美国环保署（the United States Environmental Protection Agency，EPA）基于宏观移动源模型 MOBILE 和非道路源模型 NON-ROAD 的研究基础。从 2001 年开始研发，历经 MOVES 2004、MOVES Demo、MOVES 2009、MOVES 2010 和 MOVES 2014，共 5 个版本，拥有大量的车载测试及台架试验数据基础。目前，MOVES 模型已经逐步取代 MOBILE，成为美国加州以外地区用于交通 CO_2 排放评估的法规模型，是国际上普遍公认的比较精确的微观尺度交通 CO_2 估算模型。

应用 MOVES 模型空间尺度和时间尺度的特点非常适用于对微观区域在不同时间尺度的交通 CO_2 排放进行估算和分析。MOVES 模型包含宏观、中观和微观 3 种情况，其中项目尺度分析适用于道路、交叉口尺度能源和 CO_2 排放分析；其估算的时间尺度可以实现年、月、日，乃至分小时等不同时间尺度的精度，适用于对案例区交通 CO_2 排放不同时间尺度变化特征进行估算和分析。

MOVES 模型具备良好的可移植性。MOVES 通过 Java 语言和 MySQL 数据库联合开发，具有良好的人机交互界面，其数据输入、输出和计算过程中的数据存储于 MySQL 数据库中。MOVES 数据库管理系统开放，可依据研究区域状况对其进行本地化处理，该模型对不同地区具有较强的适应性。用户输入平均速度后，模型自动匹配对应行驶周期来计算机动车比功率区间（vehicle specific power bin，VSP-bin）分布，加权后得到基础排放因子，并且进行气象、燃油等方面的修正，在此基础上，结合用户输入的行驶里程及其分布得到综合排放因子，以及燃油消耗和 CO_2 排放清单。

目前，MOVES 模型在国外已经得到推广和应用，同时国内也已经有部分学者应用 MOVES 模型开展对微观层次交通 CO_2 排放的研究，已有研究多为对 MOVES 模型开发背景和系统组成进行总结介绍（黄冠涛等，2010；岳园圆等，2013），以及分析 MOVES 模型中速度、气象等参数对交通 CO_2 排放影响程度（张广昕，孙晋伟，2013；郭园园等，2015；王同猛，管丞昊，2015），并有少部分研究尝试对 MOVES 模型进行本地化处理（岳园圆等，2013；郭园园等，2015；郝彦召等，2015）。然而，关于 MOVES 模型的研究正处于起步阶段，有待进一步深化探索。

综上所述，本研究选取 MOVES 模型，在对其进行本地化修正的基础上，对北京市奥林匹克中心区内北五环和大屯—北辰西路相交路口 2 个城市道路典型路段交通 CO_2 排放进行估算。

2.6 交通 CO_2 与通量观测值相互关系研究进展

涡度协方差方法（Eddy-covariance，EC）可以获得环境中多种源和汇的 CO_2 净通量（D. Contini 等，2012），被广泛应用于观测多种自然生态系统以及农田生态系统的 CO_2 净交换，但是较少应用于城市区域。目前，对于城市区域的碳通量观测研究主要集中于发达国家城市，并且，交通 CO_2 排放与碳通量之间的关系研究成为新的热点。

近年来，发达国家的城市和近郊区域的交通 CO_2 排放与碳通量的关系研究受到越来越多学者的关注（C. Helfter 等，2011），并且研究的空间尺度从城市尺度（Beniamino Gioli 等，2015；Andres Schmidt 等，2014）向城市街区微观尺度（E. Velasco 等，2014）方向深化，时间尺度也从以天为时间分段（B. Gioli 等，2012）向以小时（Beniamino Gioli 等，2015）为时间分段细化。目前，微观尺度的交通 CO_2 排放与碳通量之间的关系研究，仅对分时段的交通流量与碳通量之间的关系进行分析（D. Contni 等，2012；B. Gioli 等，2012），直接对交通 CO_2 排放量与碳通量之间关系进行研究的相对较少，并且已有直接对二者关系进行探索的研究在估算交通 CO_2 排放时对车辆类型的划分较粗（E. Velasco 等，2014）。Rebecca V. Hiller 等（2011）以 30 分钟为时间分段，对邻近通量贡献区的道路的交通 CO_2 排放与碳通量的关系进行研究，将车辆粗分为轿车、SUV、卡车、厢式货车、公交车、拖车和摩托车等 7 大类。

城市区域碳通量与 CO_2 排放尤其是涉及交通 CO_2 排放之间相互关系的主要研究成果见表 2-8。

表 2-8　碳通量观测值与交通 CO_2 排放之间相互关系研究

研究区域	研究时间	结论	相对优点	参考文献
墨西哥城居住/商业区（墨西哥）	15 个月	直接测量的 CO_2 通量未发现季度规律性变化特征，发现交通早高峰和晚高峰出现 CO_2 通量峰值的日变化规律特征	时间跨度较大的同时时间尺度精细到小时尺度	E. Velasco 等（2014）
墨西哥城两个社区（墨西哥）	2003，2006	交通对墨西哥城净 CO_2 来源有显著贡献	结合日变化和车辆活动数据	E. Velasco 等（2009）
明尼苏达郊区临近交通道路的草地（美国）	2007—2008	“自下而上”方法估算的交通 CO_2 排放与碳通量观测得到的交通 CO_2 贡献表现出一致性	对道路临近通量贡献区范围的情况进行探索；利用冬季数据，排除植被对碳通量的影响；在 30 分钟时间尺度进行研究；车辆分类精细	Rebecca V. Hiller 等（2011）
墨尔本郊区（澳大利亚）	2004 年 2 月—2005 年 6 月	CO_2 通量日变化模式受到交通流量的显著影响；由于植物影响和燃烧的减少，夏季 CO_2 通量低于冬季	结合交通流量；通过冬季和夏季通量对比刻画出植物对于通量的影响	Andrew M. Coutts 等（2006）
赫尔辛基（芬兰）	—	周末 CO_2 通量较低；冬季 CO_2 通量高	在城市设立多个不同的监测点，可以比较土地利用类型和风向对监测值的影响	Jarvi L. 等（2009）

续表

研究区域	研究时间	结论	相对优点	参考文献
伦敦中心（英国）	2006 年 10 月—2008 年 5 月	CO_2通量的日变化与交通相关，并且与中心范围大气的稳定性呈现反向相关；供热所需的天然气消耗、植物光合作用等与 CO_2通量季节变化相关	将大气稳定性纳入分析范围	C. Helfter 等（2011）
莱切（意大利）	—	CO_2通量与交通量和大气稳定性相关	监测点位于交通量大的路旁，对交通排放 CO_2 通量研究更为适合	D. Contini 等（2012）
佛罗伦萨中心（意大利）	2011 年 1 月—2011 年 3 月	CO_2通量与供热和交通 CO_2排放呈现相关关系	案例区主体在 90%通量足迹贡献区范围内	B. Gioli 等（2012）
北京（中国）	2006—2009	CO_2日变化模式与交通日变化模式相关，工作日 CO_2通量高于周末	—	H. Z. Liu 等（2012）

现有关于碳通量观测与交通 CO_2排放相互关系的研究主要集中于基于城市区域碳通量观测值动态变化分析基础上与交通流量变化特征的定性分析和相关分析方面。由于碳通量观测数据本身未对源和汇进行区分，少有研究根据区域碳排放结构特征对通量数据进行深入挖掘和分析。由于通量塔监测 CO_2通量并非沿道路均匀分布，因此其位置会对结果产生影响。基于单独一个位置的碳通量观测可能会产生误差（Robin S.，Leonidas N.，and Paul B.，2010）。

本研究在对两个典型城市功能下垫面，即城市复杂功能下垫面——大屯—北辰西路相交路口研究区和临近环城高速公路的城市公园下垫面——北五环，在对其 CO_2 排放结构特征进行分析的基础上，应用涡度协方差方法对通量塔观测的每30分钟的碳通量数据中分离出的生态系统碳呼吸和交通 CO_2 排放之间的相互关系进行进一步的探索和研究。

第三章　城市道路交通 CO_2 排放实证研究方法

本章选择奥林匹克中心区内两种典型城市道路路段，即环城高速公路——北五环和城市主干道—大屯路与北辰西路相交路口，基于碳通量贡献区 KM 模型分别确定北五环和大屯—北辰西路相交路口 2 个典型路段的交通 CO_2 排放估算区域范围。基于“自下而上”方法，在对 MOVES 模型进行本地化修正的基础上，结合案例区内交通节点实地交通流量视频采集和车辆分类解译统计数据，分别对北五环和大屯—北辰西路相交路口 2 个案例区每 30 分钟的交通 CO_2 排放进行估算。

3.1　研究区域范围的界定

3.1.1　大屯—北辰西路相交路口

监测站通量塔 1，位于中国科学院地理科学与资源研究所 3 段主楼 8 层顶部。以通量塔 1 为中心，基于碳通量贡献区

KM 模型，以 2014 年每 30 分钟 90%通量贡献区 4 个方向的最远距离为依据，即向北 505 m，向南 355 m，向东 405 m，向西 435 m，保证估算区域尽可能地与通量贡献区实现最大程度的叠合，拟定大屯—北辰西路相交路口交通 CO_2 估算区域范围如图 3-1 所示。

图 3-1　大屯—北辰西路相交路口交通 CO_2 排放研究区域范围

3.1.2　北五环

监测站通量塔 2，位于奥林匹克森林公园北部（北纬 40°01′34.47″，东经 116°23′29.15″）。以通量塔 2 为中心，应用碳通量贡献区 KM 模型，获得通量塔 2 于 2014 年每 30 分钟最大通量贡献距离和 90%通量贡献距离，对其进行描述性统计分析，结果表明（见表 3-1），北五环道路虽不位于通量塔 2 的 90%通量贡献区范围内，但临近通量贡献区，对监测站通量塔 2 的通量数据可能会产生一定程度的影响。为保证交通道路的完整性，确定北五环西至林萃路、东至安立路路段为估算范围。（见图 3-2）

表 3-1　奥林匹克森林公园通量塔最大通量、90%通量贡献距离描述性统计分析

	均值	中位数	最大值	最小值	10%分位数值	90%分位数值
最大通量距离（m）	31.21	37.91	102.68	1.05	5.67	90.68
90%通量距离（m）	239.83	116.29	1995.00	30.00	44.47	618

图 3-2　北五环交通 CO_2 排放研究区域范围

3.2 数据来源

3.2.1 交通节点车流量视频采集

限于北京市交通流量监测数据难以直接从交通管理部门获得，在北京市奥林匹克公园管委会的大力支持下，项目组基于“自下而上”的交通 CO_2 排放估算方法，人工对奥林匹克中心区交通流量进行实地监测。

案例区交通流量监测点包括大屯路与北辰西路相交路口的路面和隧道（以下简称为大屯路面和大屯隧道）、奥林匹克森林公园北五环等共 3 个固定监测点，以及北辰西路与科荟南路、北辰西路与大屯北路、北辰西路与国家体育场北路、北辰东路与科荟南路、北辰东路与大屯北路、北辰东路与大屯路、北辰东路与慧忠北路交叉路口路面等共 7 个校核监测点。（见图 3-3）

主要监测设备为摄像机（SONY，HDR-CX510E）、7 米高云台。为使交通流量监测数据覆盖整个路面，无车辆遗漏，无双层公交车遮挡视线，大屯路面摄像仪器架高为离地面 7 m；大屯隧道摄像仪器架于 1.7 m 高三脚架，俯视隧道口；五环仪器架于北五环生态廊道天桥上方，固定架设 7 m 高云台，俯视五环主路和辅路路面。各监测点交通流量监测设备配备遮雨罩以减小降水等现象对监测设备和数据质量的影响。

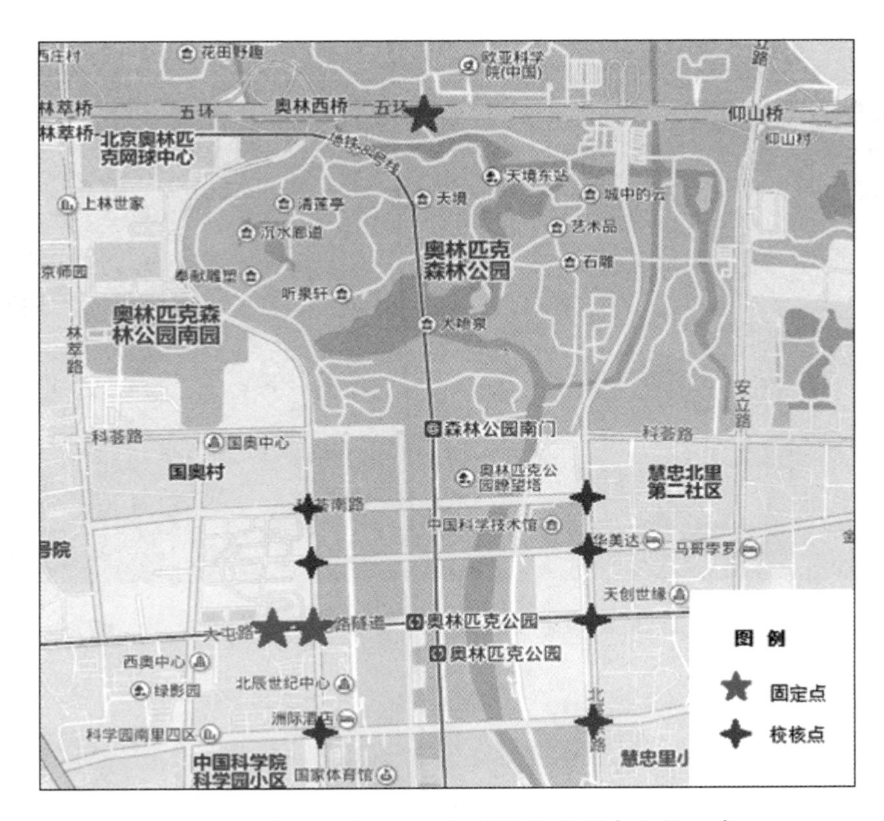

图 3-3　奥林匹克中心区交通流量监测点位置示意

图 3-4　大屯路面交通流量监测情况（2014 年 1 月 4 日 8：00）

图 3-5　大屯隧道交通流量监测情况（2014 年 3 月 17 日 20：00）

图 3-6　北五环交通流量监测情况（2014 年 6 月 7 日 19：30）

交通流量监测工作覆盖时间段为早 6：00 至次日凌晨 1：00，共计 19 个小时，凌晨 1：00 ~ 6：00 数据用 24：00 ~ 1：00 数据近似替代。每月包含 3 天交通流量监测数据，分别为限行的周一（周内第一个工作日）和周三（周内普通工作日），非限行的周六（非工作日）。

通过项目组对奥林匹克中心区交通流量实地监测工作，分别得到大屯—北辰西路相交路口的路面、隧道和北五环等 3 个监测点，2014 年 1—12 月，每月 3 天（包含限行的周一、周三和非限行的周六），每日 19 小时（早 6：00 至次日凌晨 1：00），共计完整的 36 天，684 小时的交通流量监测数据。大屯路面、大屯隧道和北五环等 3 个监测点的交通流量视频监测数据时间分布情况见表 3-2。

表 3-2　2014 年 1—12 月 3 个固定监测点交通流量监测时间分布情况

冬季	12 月			1 月			2 月		
	高峰日	平峰日	周末	高峰日	平峰日	周末	高峰日	平峰日	周末
大屯路面	1，8	3	13	20	2，15	4，18	24	26	22
大屯隧道	1，8	3	13	6，20	2，15	4，18	24	26	22
北五环	8	31	6	20	15	18	24	26	22
春季	3 月			4 月			5 月		
	高峰日	平峰日	周末	高峰日	平峰日	周末	高峰日	平峰日	周末
大屯路面	17	12	15	7	9	5	5	7	10
大屯隧道	17	12	15	7	9	5	5	7	10
北五环	17	12	15，19	7	9	5	5	7	10

续表

夏季	6月			7月			8月		
	高峰日	平峰日	周末	高峰日	平峰日	周末	高峰日	平峰日	周末
大屯路面	2	4	7	7	2	5	25	20	30
大屯隧道	2	4	7	7	2	5	25	20	30
北五环	2	4	7	7	2	5	25	20	30
秋季	9月			10月			11月		
	高峰日	平峰日	周末	高峰日	平峰日	周末	高峰日	平峰日	周末
大屯路面	8	3	6	13，14	15	18	17	19	1
大屯隧道	8	3	6	13，14	15	18	17	19	1
北五环	8	3	6	13	15	18	3	5	1

3.2.2 车辆分类解译统计

本研究基于国家质量监督检验检疫总局颁布的《汽车和挂车类型的术语和定义》旧标准 GB/T3037.1—1988 和环保部《中国机动车污染防治年报》（2013）的分类，借鉴国内外估算交通 CO_2排放采用的车辆分类方法，结合案例区交通流量实地监测视频解译情况，对车辆进行分类。将车辆分为载客汽车、载重汽车、公交车和其他等 4 大类，在此基础上，将载客汽车进一步分为大型载客汽车、中型载客汽车、小型载客汽车等 3 个亚类，并将小型载客汽车再进一步细分为普通轿车、SUV、出租车及其他等 4 小类；将载重汽车进一步分为重型载重汽车、中型载重汽车和轻型载重汽车等 3 个亚类；将公交车进一步分为普通公交车、加长公交车和双层公交车等 3 个亚类，共计 13 类。若获取的车辆信息数据可以精细到燃料类型，根据燃料类型在以上分类基础上进行进一步划分，如汽油、柴油、混合燃料、油电混合动力等。

表 3-3　本书采用的车辆分类方法

<table>
<tr><td rowspan="3">载客汽车</td><td>大型载客汽车</td><td colspan="2">车长≥6m 或乘坐人数≥20 人</td><td rowspan="10">说明：各类车辆按照燃料类型进行进一步划分，如汽油、柴油、混合燃料、油电混合动力等。</td></tr>
<tr><td>中型载客汽车</td><td colspan="2">车长<6m，9 人<乘坐人数<20 人</td></tr>
<tr><td>小型载客汽车</td><td>车长<6m，乘坐人数≤9 人</td><td>普通轿车 SUV 出租车其他</td></tr>
<tr><td rowspan="3">载重汽车</td><td>重型载重汽车</td><td colspan="2">车长≥6m 或总质量≥12000kg</td></tr>
<tr><td>中型载重汽车</td><td colspan="2">车长≥6m，4500kg≤总质量<12000kg</td></tr>
<tr><td>轻型载重汽车</td><td colspan="2">车长<6m，总质量<4500kg</td></tr>
<tr><td rowspan="3">公交车</td><td>普通公交汽车</td><td colspan="2">双开门公交汽车，如京华单机车型</td></tr>
<tr><td>加长公交汽车</td><td colspan="2">三开门铰链公交汽车，如京华铰链车型</td></tr>
<tr><td>双层公交汽车</td><td colspan="2">上下两层</td></tr>
<tr><td>其他</td><td colspan="3">除上述车型以外其他在研究区数量较少的车型</td></tr>
</table>

注：对于载客汽车乘坐人数可变，以上限确定，乘坐人数包括驾驶员。

依照本书构建的交通 CO_2排放车型分类体系，对大屯—北辰西路相交路口的路面、隧道和北五环的交通流量监测视频进行解译，得到各监测点每 30 分钟分车型的交通流量统计数据，以及监测点位置、监测日期等基本监测情况。

在解译过程中，将监测视频时间与统计时间对应，分为大型载客汽车、中型载客汽车、小型载客汽车（除普通轿车、SUV 和出租车以外）、普通轿车、SUV、出租车、重型载重汽车、中型载重汽车、小型载重汽车、普通公交车、加长公交车、双层公交车和其他等共计 13 类车辆，并对交通流量监测视频数据进行分类计数，每 30 分钟统计每种车型车辆数，并将出现的其他类型车辆进行标注说明。

本书分别选取大屯路面、大屯隧道和北五环等 3 个监测点，

2014 年 1~2 月中的周一、周三和周六各 1 天的交通流量监测数据分车型解译结果。(见图 3-7、图 3-8、图 3-9)

(1) 大屯路面，1 月 18 日（周六）、2 月 24 日（周一）和 2 月 26 日（周三），自早 6：00 至次日凌晨 1：00 的车流量总数分别为 4.20 万辆、3.68 万辆、4.15 万辆。普通轿车、SUV 和出租车等 7 座及 7 座以下私人汽油乘用车的交通流量占总交通流量的比重分别为 77.98%、84.28%、85.73%，其中普通轿车占比分别为 66.61%、72.81%、71.36%；SUV 占比分别为 11.37%、11.47%、14.37%。载重汽车占比分别为 0.87%、1.16%、1.15%；大型和中型载客汽车的占比分别为 0.93%、0.65%、1.18%；出租车占比分别为 11.69%、6.87%、5.52%；除普通轿车、SUV 和出租车以外的小型载客汽车的占比分别为 3.74%、3.32%、3.56%；公交车的占比分别为 4.78%、3.74%、2.86%。

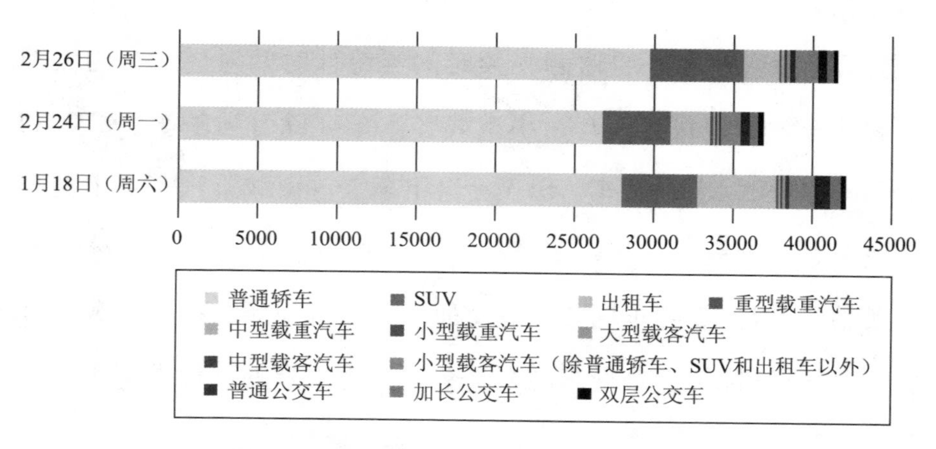

图 3-7　大屯路面限行条件下分车型流量

（2）大屯隧道，1 月 18 日（周六）、2 月 24 日（周一）和 2 月 26 日（周三），自早 6：00 至次日凌晨 1：00 的车流量总数分别为 1.44 万辆、1.35 万辆、1.35 万辆。普通轿车、SUV 等 7 座及 7 座以下私人汽油乘用车的交通流量占总交通流量的比重分别为 70.43%、80.64%、70.76%；其中普通轿车占比分别为 46.10%、57.19%、58.21%；SUV 占比分别为 24.32%、13.45%、12.55%。载重汽车占比分别为 1.17%、1.41%、1.44%；大型和中型载客汽车的占比分别为 0.99%、1.15%、1.20%；出租车占比分别为 15.18%、16.08%、15.79%；除普通轿车、SUV 和出租车以外的小型载客汽车的占比分别为 6.17%、5.60%、5.73%；公交车的占比分别为 6.06%、5.13%、5.07%。

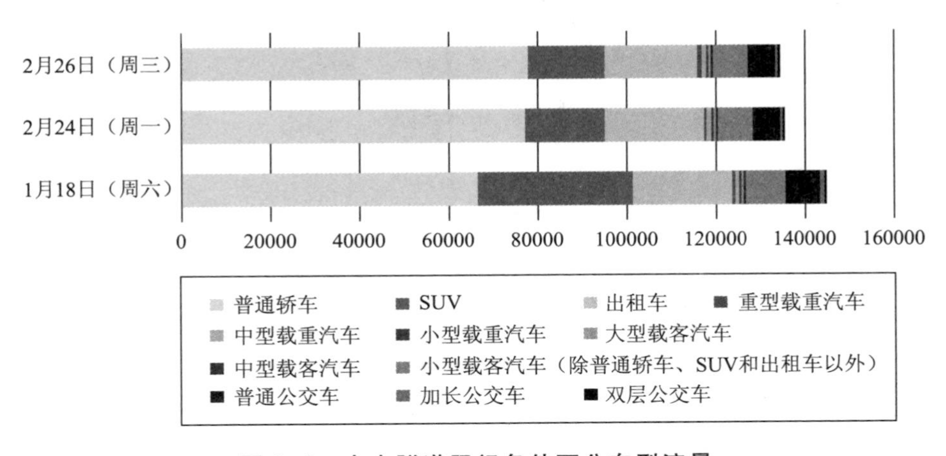

图 3-8　大屯隧道限行条件下分车型流量

（3）北五环，2 月 22 日（周六）、2 月 24 日（周一）和 2 月 26 日（周三），自早 6：00 至次日凌晨 1：00 的车流量总数分别为 8.75 万辆、15.02 万辆、14.47 万辆。普通轿车、SUV 等 7 座及 7 座以下私人汽油乘用车的交通流量占总交通流量的比重分别为 67.42%、83.17%、82.41%，其中普通轿车占比分别为 53.48%、59.52%、58.22%；SUV 占比分别为 13.94%、23.65%、24.19%。载重汽车占比分别为 4.80%、5.73%、5.70%；大型、中型载客汽车占比分别为 3.36%、1.97%、2.05%；出租车占比分别为 13.34%、3.17%、3.28%；除普通轿车、SUV 和出租车以外的小型载客汽车的占比分别为 11.08%、5.96%、6.57%。

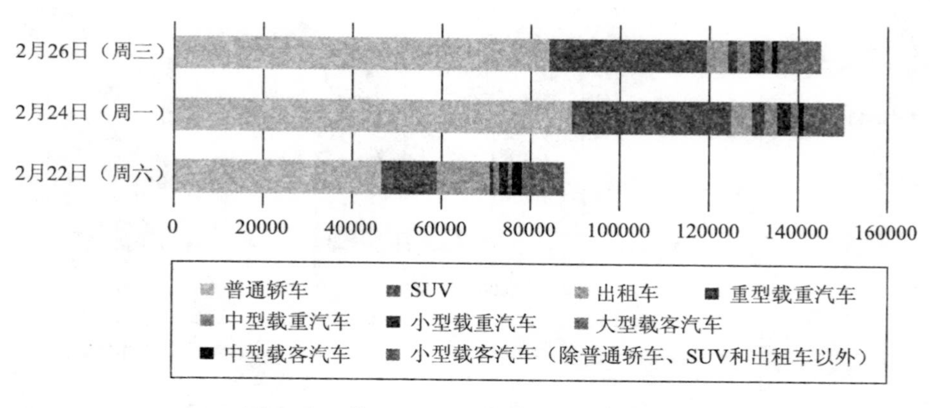

图 3-9　北五环限行条件下分车型流量

3.3　MOVES 模型本地化处理和估算

本章应用 MOVES 2014a 模型的路面交通子模型中项目尺度分析模块，基于大屯路面、大屯隧道和北五环等交通流量视频监测数据的分车型解译统计结果，分别对大屯—北辰西路相交路口和北五环每 30 分钟的 CO_2 排放进行估算，主要步骤如下：（1）按照年份、月份、日期和时间段定义模型时间跨度；（2）基于通量贡献区 KM 模型自定义研究区域边界，输入研究空间范围的大气压和相对湿度等区域基本特征参数；（3）基于本研究构建的车型分类体系，对车辆类型进行定义；（4）根据两个典型道路路段等级对道路类型进行定义；（5）创建本地化输入数据库，通过 MOVES 模型的项目数据管理器（Project Data Manager，PDM）生成数据表模板，在数据表模板中对排放因子、车龄分布、微气象条件和路段特征等方面的参数进行设置。模型估算和修正界面见图 3-10。

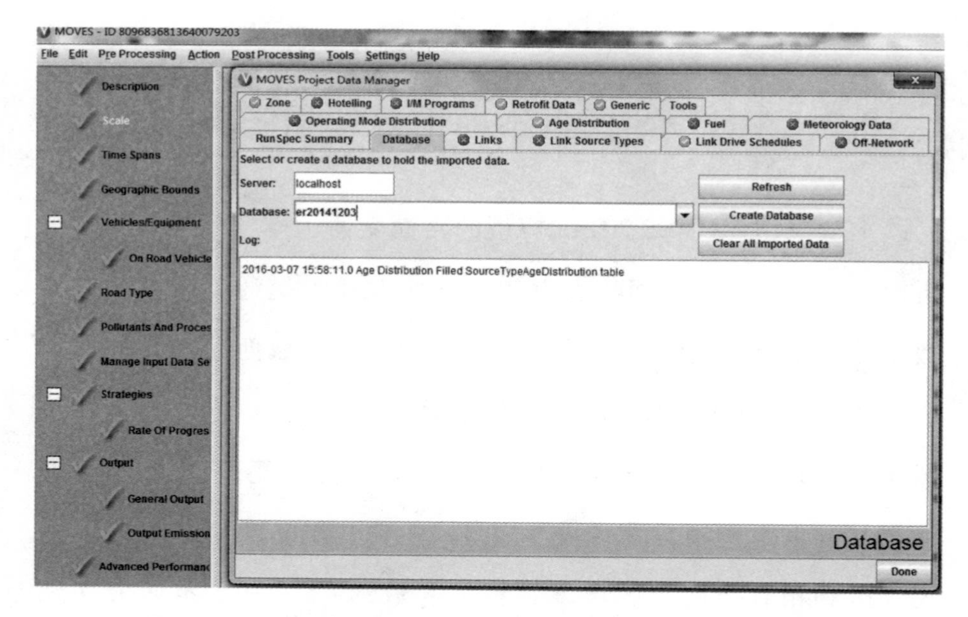

图 3-10 MOVES 估算过程项目数据管理器本地化修正界面

MOVES 模型的本地化修正方面，对研究区内分车型的交通 CO_2排放因子进行修正，重点对 7 座及 7 座以下私人乘用车的排放因子进行修正。

2014 年，北京市机动车保有量达 559.1 万辆，其中 7 座及 7 座以下私人乘用车为 316.5 万辆，占机动车保有量的 56.61%（《北京市 2014 年国民经济与社会发展统计公报》）。奥林匹克中心区内大屯路面、大屯隧道和北五环等 3 个监测点 2014 年 2 月 24 日的交通流量分别为 3.65 万辆、1.35 万辆、15.02 万辆，其中 7 座及 7 座以下私人乘用车分别为 3.08 万辆、1.09 万辆、12.49 万辆，占总交通流量的比重分别为 84.28%、80.64%、83.17%、均在 80%以上。案例区内 7 座及 7 座以下私人乘用车交通流量大，占总交通流量的比重大，其 CO_2 排放因子 EF（Emission Factor，EF）的精确程度对案例区 CO_2 排放估算的精确程度影响大。并且，由于传统的交通 CO_2 排放因子估算方法往往只考虑了车辆自身属性和道路交通状况，对驾驶人驾驶行为习惯考虑不足。因此，需要对案例区内的交通流量主体 7 座及 7 座以下私人汽油乘用车的 CO_2 排放因子进行更为准确地估算。

本研究针对以往交通 CO_2 排放因子估算在驾驶行为方面因素的不足，将驾驶行为习惯因素纳入估算系统，并综合考虑车辆自身属性和道路交通状况，基于问卷调研数据，应用三层递进回归模型，对案例区主要过境车辆七座及七座以下私人汽油乘用车的 CO_2 排放因子进行估算。

3.3.1　数据来源

2014 年 12 月下旬至 2015 年 1 月上旬，在北京市 16 个区县的居民小区、停车场站和 4S 店，针对七座及七座以下私人汽油乘用车开展问卷调研工作，重点收集七座及七座以下私人汽油乘用车百公里油耗数据，详细收集车辆的 CO_2 排放因子相关数据。调研问卷主要包括 4 方面内容，分别为：（1）车辆自身属性，如车辆品牌、具体型号、发动机排量、购买年限等；（2）道路交通状况，如高速公路年行驶里程、国道年行驶里程、省道年行驶里程等；（3）驾驶行为习惯，如遇红灯等候方式、日常刹车方式、起步加速习惯等；（4）驾驶人的社会经济信息，如性别、年龄、受教育程度、居住状况、收入水平等。本研究尽可能地通过面对面与被调查驾驶人访谈的方式进行调研，以保证调研问卷的数据质量，共发放调研问卷600份，回收600份，问卷100%回收；有效问卷474份，有效分卷回收率达79%。问卷调研覆盖北京市16个区县，其中调研问卷的发放主要集中于车辆分布较多的城六区（东城区、西城区、朝阳区、海淀区、石景山区和丰台区）。问卷调研具体分布情况见图3-11。

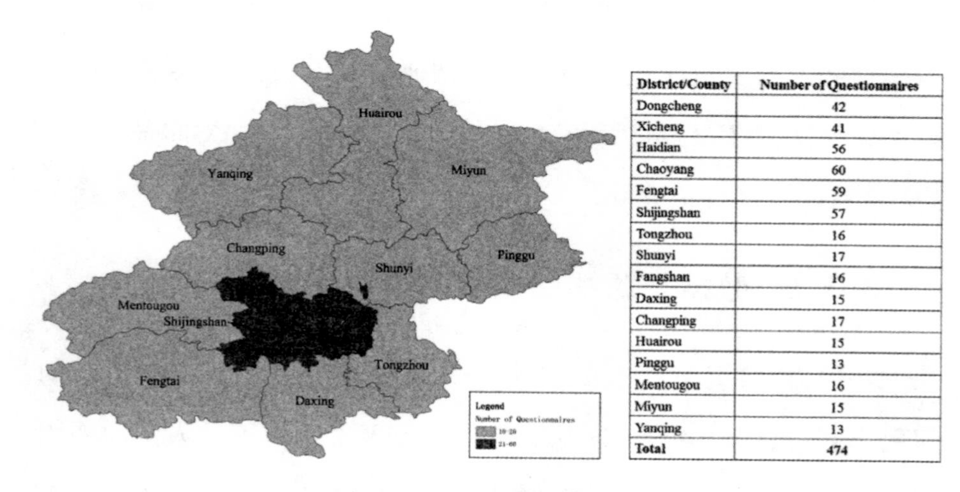

District/County	Number of Questionnaires
Dongcheng	42
Xicheng	41
Haidian	56
Chaoyang	60
Fengtai	59
Shijingshan	57
Tongzhou	16
Shunyi	17
Fangshan	16
Daxing	15
Changping	17
Huairou	15
Pinggu	13
Mentougou	16
Miyun	15
Yanqing	13
Total	474

图3-11 问卷调研分布情况

3.3.2 三层递进回归模型

本研究应用SPSS 20.0（Statistical Product and Service Solutions，SPSS）数据统计分析软件中多元线性回归中的逐步回归模块，构建包含车辆自身属性、道路交通状况和驾驶行为习惯等信息的三层递进回归模型，对北京市七座及七座以下私人汽油乘用车的排放因子进行估算。对车辆自身属性相关变量进行分析，并识别出具有显著影响的变量纳入第一层回归模型；在第一层回归模型的基础上，对道路交通状况相关变量进行分析，并识别出具有显著影响的变量纳入第二层回归模型；在第一、二层回归模型的基础上，对驾驶行为习惯相关变量进行分析，并识别出具有显著影响的变量纳入第三层回归模型，以实现对车辆 CO_2 排放因子进行更为准确地估算。综合文献调研和预调研访谈结果，模型具体指标体系见表 3-4。

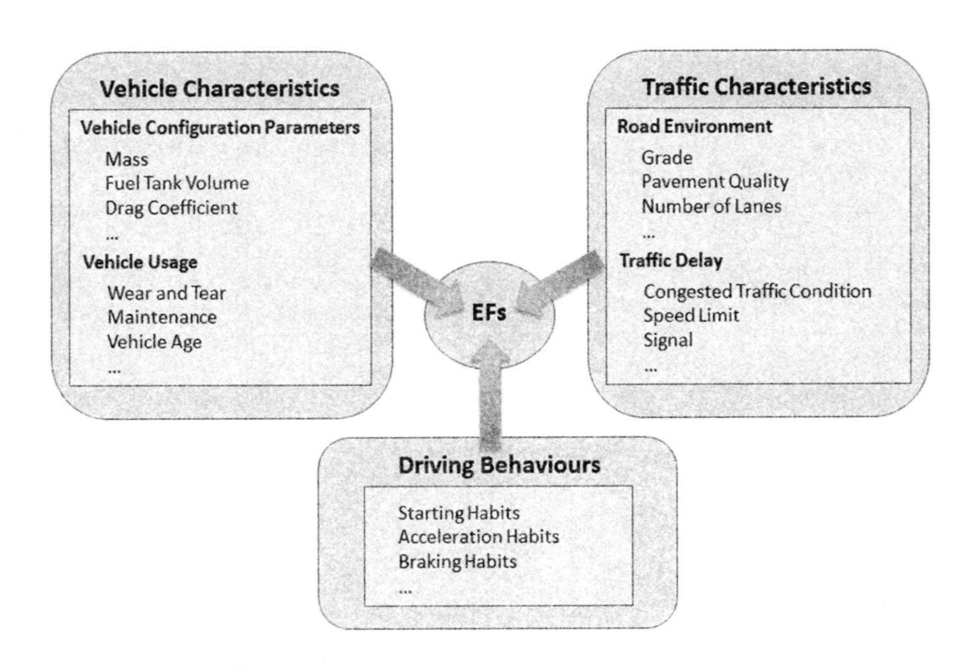

图 3-12　车辆 CO_2 排放因子三层递进回归模型示意

表 3-4　车辆 CO_2 排放因子估算模型指标体系

变量名		符号	说明	变量选择原因
因变量				
车辆 CO_2 排放因子		EF	问卷调研获得的车辆百公里油耗（L/100km）乘以 IPCC（2006）给出的机动车汽油 CO_2 排放系数，得到车辆每行驶 100km 排放 CO_2 质量（g CO_2/100km），再进一步转为国际通用单位 g CO_2/km	车辆的油耗与 CO_2 排放直接相关，且百公里油耗为驾驶人经验数据便于询问
自变量				
车辆自身属性	发动机排量	D	发动机排量分为 5 个水平：< 1.3L，1.3 ~ 1.6L，1.7 ~ 2.0L，2.1 ~ 3L，3.1 ~ 5L 及 5L 以上	发动机排量是车辆最重要的结构参数之一，发动机排量越大，消耗的燃油越多，排放的 CO_2 越多
	车龄	G	截至 2014 年底，单位：年	预调研过程中，大量被调查者反映车龄对油耗具有显著的正向影响
	总行驶里程	M	单位：10000 km	预调研过程中，大量被调查者反映油耗不仅受到车龄的影响，并且受到其使用情况的显著影响，总行驶里程反映车辆的使用情况
	生产国别	以欧系作为参照：日系为 J，美系为 A，国产为 C	生产国别分为：欧系、日系、美系和国产等 4 个类别	预调研过程中，大量被调查者反映不同生产国别的车辆油耗具有显著的差异，并且北京市七座及七座以下私人乘用车主要由欧系、日系、美系和国产 4 个类别组成

续表

	变量名	符号	说明	变量选择原因
道路交通状况	国、省、市道等非高速道路年行驶里程占总年行驶里程的比重	P	单位:%	不同等级道路的设施条件和技术条件具有显著差别，直接影响车辆行驶速度，进而影响车辆的 CO_2 排放
	早高峰平均车速	V_M	通过居住地点与工作地点之间的距离除以早高峰从居住地点开车至工作地点所花费的时间计算得到，单位：km/h	车辆行驶速度和交通拥堵状况影响车辆 CO_2 排放，并且北京市早晚高峰拥堵状况较为普遍
	晚高峰平均车速	V_E	通过居住地点与工作地点之间的距离除以晚高峰从工作地点开车至居住地点所花费的时间计算得到，单位：km/h	车辆行驶速度和交通拥堵状况影响车辆 CO_2 排放，并且北京市早晚高峰拥堵状况较为普遍
驾驶行为习惯	等候红灯方式（遇红灯等候时间大于 60 秒）	W	分为熄火等候、空挡怠速等候	预调研过程中，大量被调查者反映等候红灯方式对车辆油耗有一定的影响，并且北京市红绿灯路口较多
	遇红灯日常刹车方式	B	分为提前缓慢刹车、快速刹车	预调研过程中，大量被调查者反映刹车方式对车辆油耗有一定的影响，并且北京市红绿灯路口较多
	起步或加速习惯	S_A	分为猛加油加速、平缓加油和匀加速	已有研究表明加速方式对于车辆 CO_2 排放具有影响，并且北京交通拥堵状况较为普遍，车辆的启动和加速情况较多
	启动后行驶习惯	S_E	分为：原地热车超过 1 分钟，启动马上行驶，慢行几分钟后匀加速行驶	预调研过程中，大量被调查驾驶人启动后有原地热车超过 1 分钟的习惯，并且认为原地热车超过 1 分钟可以节省车辆的油耗，进而减少 CO_2 排放
	春夏秋季车速超过 60km/h 是否开窗行驶	E	分为开窗行驶、关窗行驶	开窗行驶改变车辆的外形结构，车速超过 60km/h，风阻变大，油耗增加，进而使得 CO_2 排放增加；并且，预调研过程中，大量被调查者反映春、夏、秋季有开窗行驶的习惯

3.3.3 第一层回归模型

为识别对于车辆 CO_2 排放因子具有显著影响的车辆自身属性变量及其对车辆 CO_2 排放因子的定量影响，对发动机排量（D）、车龄（A）、总行驶里程（M）和生产国别等反映车辆自身属性的变量进行分析。由于车辆的生产国别为定性变量，因此在对定量变量进行分析和识别的基础上，将生产国别以哑变量的形式引入模型进行分析。发动机排量、车龄和总行驶里程等定量变量对于车辆 CO_2 排放因子的影响见表 3-5。

表 3-5　排量、车龄和总行驶里程对于车辆 CO_2 排放因子的影响分析

	系数	标准化系数	Sig.	共线性统计	
				容许度	VIF
（常数）	68.62	—	0.000	—	—
发动机排量（D）	54.62	0.878	0.000	0.981	1.019
车龄（A）	1.71	0.088	0.000	0.981	1.019
总行驶里程（M）	−0.08	—	0.728	0.943	1.060
Sig. <0.01，R^2 = 0.758，N = 474					

模型 Sig. <0.01，模型通过检验；R^2 = 0.758，模型拟合效果较好；VIF<10，自变量之间不存在多重共线性，相互独立。在车辆自身属性相关的定量自变量中，发动机排量（Sig. <0.001）和车龄（Sig. <0.001）对车辆 CO_2 排放因子具有显著的正向影响，发动机排量越大，车辆 CO_2 排放因子越大，车龄越大，车辆 CO_2 排放因子越大；总行驶里程对于车辆 CO_2 排放因子影响不显著（Sig. = 0.728>0.05）。

发动机排量和车龄 2 个对车辆 CO_2 排放因子具有显著影响的变量纳入估算模型。由于车辆生产国别为定性变量，并且应用协方差分析方法（covariance analysis）的预分析结果显示，不同生产国别的车辆之间的 CO_2 排放具有显著差异，因此在将发动机排量和车龄 2 个变量纳入第一层回归模型的基础上，将车辆生产国别以哑变量的形式引入第一层回归模型，结果见表 3-6。

表 3-6　第一层回归模型结果

	系数	标准化系数	Sig.	共线性统计	
				容许度	VIF
（常数）	66.73	—	0.000	—	—
发动机排量（D）	55.69	0.890	0.000	0.918	1.089
车龄（A）	1.68	0.085	0.000	0.975	1.026
生产国别：（以欧系车辆为参考）					
日系	-6.57	-.055	0.686	0.853	1.172
美系	1.79	0.010	0.026	0.909	1.100
国产	7.52	0.048	0.052	0.832	1.203
Sig. <0.001，R^2=0.765，N=474					

模型 Sig. <0.01，模型通过检验；R^2=0.765，模型拟合效果较好；VIF<10，自变量之间不存在多重共线性，相互独立。当发动机排量和车龄相同时，国产车辆的 CO_2 排放因子最高，并且显著高于其他国家生产的车辆；美系和欧系车辆的 CO_2 排放因子处于中等水平，并且非常接近；日系车辆的 CO_2 排放因子要显著低于其他国家生产车辆。

综上所述，将发动机排量（D）、车龄（A）和生产国别等变量引入第一层回归模型。

3.3.4 第二层回归模型

为识别对于车辆 CO_2 排放因子具有显著影响的交通道路状况相关变量及其对车辆 CO_2 排放因子的定量影响，在第一层回归模型的基础上，对国、省、市道等非高速公路年行驶里程占总年行驶里程的比重（P）、早高峰平均车速（V_M）和晚高峰平均车速（V_E）等反映道路交通状况的变量进行分析，结果见表 3-7。

表 3-7 第二层回归模型结果

	系数	标准化系数	Sig.	共线性统计	
				容许度	VIF
（常数）	52.61	—	0.000	—	—
发动机排量（D）	56.09	0.896	0.000	0.909	1.100
车龄（A）	1.83	0.092	0.000	0.960	1.042
国、省、市道等非高速公路年行驶里程占总行驶里程的比重（P）	17.24	0.061	0.008	0.968	1.033
早高峰平均车速（V_M）	0.004	0.038	—	0.342	2.925
晚高峰平均车速（V_E）	-0.004	-0.038	—	0.341	2.930
生产国别：（以欧系车辆为参考）					
日系（J）	-6.17	-0.051	0.035	0.851	1.175
美系（A）	1.29	0.007	0.770	0.907	1.102
国产（C）	7.13	0.046	0.063	0.830	1.204
Sig. <0.001，R^2=0.768，N=474					

模型 Sig. <0.01，模型通过检验；R^2=0.768，模型拟合效果较好，且优于第一层回归模型；VIF<10，自变量之间不存在多重

共线性，相互独立。在道路交通状况相关的自变量中，国、省、市道等非高速公路年行驶里程占总行驶里程比重（P）对于车辆 CO_2 排放具有显著的正向影响（Sig. = 0.008 < 0.01），国、省、市道等非高速公路年行驶里程占总年行驶里程的比重越大，车辆 CO_2 排放因子越大；早高峰平均车速（V_M）和晚高峰平均车速（V_E）对车辆 CO_2 排放因子的影响不显著。虽然，在分析过程中，早、晚高峰车速对于车辆 CO_2 排放因子在统计上并未表现出显著影响，然而并不意味车速对于车辆 CO_2 排放因子没有影响，而是由于北京早、晚高峰交通拥堵状况比较普遍，样本的早、晚高峰车速差异较小，未能在统计上体现出对于车辆 CO_2 排放因子的影响。

综上，在第一层回归模型的基础上，国、省、市道等非高速公路年行驶里程占总年行驶里程的比重（P）纳入第二层回归模型。

3.3.5 第三层回归模型

为识别对于车辆 CO_2 排放因子具有显著影响的驾驶行为习惯相关变量及其对车辆 CO_2 排放因子的定量影响，在第一层和第二层回归模型的基础上，对遇红灯等候时间大于 60 秒等候红灯方式（W）、遇红灯日常刹车方式（B）、起步或加速习惯（S_A）、启动后行驶习惯（S_E）和春夏秋季车速超过 60km/h 是否开窗行驶（E）等反映驾驶行为习惯的变量进行分析。由于驾驶行为习惯相关变量均为定性变量，因此以哑变量的形式将其引入分析模型，分别以遇红灯等候时间大于 60 秒空档怠速等候、遇红灯快速刹车、猛加油加速、启动后马上行驶和春夏秋季车速超过 60km/h 关窗行驶作为参照变量。第三层回归模型结果见表 3-8。

表 3-8　第三层回归模型结果

	系数	标准化系数	Sig.	共线性统计	
				容许度	VIF
（常数）	56.71	—	0.000	—	—
发动机排量（D）	56.79	0.908	0.000	0.878	1.140
车龄（A）	1.90	0.096	0.000	0.953	1.049
国、省、市道等非高速公路年行驶里程占总行驶里程的比重（P）	17.73	0.063	0.002	0.959	1.043
生产国别：（以欧系车辆为参考）					
日系（J）	-5.78	-0.048	0.026	0.843	1.186
美系（A）	-0.02	0.000	0.996	0.901	1.110
国产（C）	6.55	0.042	0.053	0.825	1.212
遇红灯等候时间大于 60 秒等候红灯方式（W，参照变量：空档怠速等候）					
熄火等候	-23.38	-0.199	0.000	0.882	1.133
遇红灯日常刹车方式（B，参照变量：快速刹车）					
提前缓慢刹车	-3.94	-0.020	0.334	0.869	1.151
起步或加速习惯（S_A，参照变量：猛加油加速）					
平缓加油和匀加速	-5.55	-0.032	0.129	0.856	1.168
启动后行驶习惯（S_E，参照变量：启动后马上行驶）					
慢行几分钟后匀加速行驶	-0.60	-0.004	0.856	0.727	1.375
原地热车超过 1 分钟	1.27	0.011	0.612	0.761	1.315
春夏秋季车速超过 60km/h 是否开窗行驶（E，参照变量：关窗行驶）					
开窗行驶	8.93	0.080	0.000	0.873	1.145
Sig. <0.001，R^2=0.824，N=474					

模型 Sig.<0.01，模型通过检验；R^2=0.824，模型拟合效果较好，且明显优于第二层回归模型；VIF<10，自变量之间不存在

多重共线性，相互独立。在驾驶行为习惯相关变量中，遇红灯等候时间大于 60 秒等候红灯方式（Sig. <0.001）和春夏秋季车速超过 60km/h 是否开窗行驶（Sig. <0.001）对于车辆 CO_2 排放因子具有显著的影响；遇红灯等候时间大于 60 秒，熄火等候比怠速等候使得车辆 CO_2 排放因子减小 23.38 g CO_2/km；春夏秋季车速超过 60km/h，关窗行驶比开窗行驶使得车辆 CO_2 排放因子减小 8.93 g CO_2/km；遇红灯日常刹车方式、起步或加速习惯和启动后加速习惯对车辆 CO_2 排放因子的影响不显著。

值得注意的是，启动后行驶习惯中，与马上行驶相比，原地热车超过 1 分钟使得车辆 CO_2 排放因子增加 1.27 g CO_2/km。然而，在预调研过程中，48.95%（232 个）被调查者误以为原地热车超过 1 分钟节约燃油，能减少 CO_2 排放。尽管该变量对车辆 CO_2 排放因子的影响在统计上并不显著，且在数量上并不大，然而由于近一半的被调查者具有这样的认识误区，这一方面需要相关部门予以重视。

综上，在第一层和第二层回归模型的基础上，遇红灯等候时间大于 60 秒等候红灯方式（W）和春夏秋季车速超过 60km/h 是否开窗行驶（E）被纳入第三层回归模型。

3.3.6　CO_2 排放因子估算公式及经验参数

基于三层递进回归模型结果，七座及七座以下私人汽油乘用车排放因子估算公式如下：

$$EF=56.71+56.79\times D+1.90\times G+17.73\times P-5.78\times J-.02\times A+6.55\times C-23.38\times W+8.93\times E \quad (1)$$

式中，EF 表示车辆 CO_2 排放因子，即单位车辆行驶单位里程所排放 CO_2 的质量，单位为 g CO_2/km；D 表示发动机排量水平；G 表示车龄；P 表示国、省、市道等非高速道路年行驶里程占总年行驶里程的比重；J 表示车辆是否为日系车辆，若是，$J=1$，反之，$J=0$；A 表示车辆是否为美系车辆，若是，$A=1$，反之，$A=0$；C 表示车辆是否为国产车辆，若是，$C=1$，反之，$C=0$；W 表示遇红灯等候时间大于 60 秒等候红灯的方式，若为熄火等候，$W=1$，若为空档怠速等候，$W=0$；E 表示春夏秋季车速超过 60km/h 是否开窗行驶，若是，$E=1$，反之，$E=0$。

发动机排量每提高一个水平，车辆 CO_2 排放因子增加 56.79 g CO_2/km；车龄每增加一年，车辆 CO_2 排放因子增加 1.90 g CO_2/km；国、省、市道等非高速道路年行驶里程占总行驶里程的比重每增加 1%，车辆 CO_2 排放因子增加 0.18 g CO_2/km。车辆生产国别以欧系为参照，日系比欧系车辆 CO_2 排放因子小 5.78 g CO_2/km，美系比欧系车辆 CO_2 排放因子小 0.02 g CO_2/km，国产比欧系车辆 CO_2 排放因子大 6.55 g CO_2/km。遇红灯等候时间大于 60 秒，熄火等候比空挡怠速等候使得车辆 CO_2 排放因子减小 23.38 g CO_2/km；春夏秋季车速超过 60km/h，关窗行驶比开窗行驶使得车辆 CO_2 排放因子减小 8.93 g CO_2/km。

结合案例区实地情况，经验公式自变量取值如下：发动机排量水平和车龄等 2 个自变量取问卷调研数据均值，分别为 2.64 和

4.71；车辆生产国别、遇红灯超过 60 秒等候红灯方式和春夏秋季车速超过 60km/h 是否开窗行驶等取调研样本比例，分别为日系车辆 30.54%、美系车 9.68%、国产车 14.84%，遇红灯超过 60 秒熄火等候 31.12%，春夏秋季车速超过 60km/h 开窗行驶 54.85%；大屯—北辰西路相交路口行驶车辆的国、省、市道行驶里程占总年行驶里程比重取值为 1，北五环路行驶车辆该变量取值为 0。分别得到大屯—北辰西路相交路口和北五环七座及七座以下私人汽油乘用车 CO_2 排放因子分别为 230.14g CO_2/km 和 212.41g CO_2/km。

与美国环境保护署（the United States Environmental Protection Agency，EPA）基于大量实验室试验和道路测量给出的对应车型的经验参数 228.67 g CO_2/km 非常接近，这在一定程度上支持了本研究的结果。

3.3.7　排放因子清单

小型和微型载客汽车排放因子参数通过对七座及七座以下私人汽油乘用车进行问卷调研，获取车辆物理属性、道路交通状况和驾驶行为习惯等信息，构建三层递进回归模型，并结合案例区实际情况，得出大屯—北辰西路相交路口和北五环小型载客汽车 CO_2 排放因子分别为 230.14g CO_2/km 和 212.41g CO_2/km。

公交车排放因子参数，通过调研组到公交场站，与公交公司、站场管理者和司机等进行问卷调研和访谈，得到柴油单机公交车、铰接车百公里油耗数据，通过 EPA 给出的移动源柴油 CO_2 排放因子，将其转化为车辆 CO_2 排放因子，由于途经奥林匹克中心区内的双层公交车数量较少，且排量和座位数与铰接加长公交车相当，因此以加长公交车排放因子参数近似替代。

重型载重汽车、中型载重汽车和轻型载重汽车的排放因子直接应用 MOVES 模型中内嵌的美国环境保护署 EPA 给出的 CO_2 排放因子；大型、中型载客汽车基于 EPA 给出的 CO_2 排放因子，并结合案例区交通视频监测中大型、中型载客汽车车型座位数情况，对其排放因子进行修正。

分车型的交通 CO_2 排放因子参数见表 3-9。

表 3-9　分车型的 CO_2 排放因子清单

车辆类型		排放因子（g CO_2/km）	数据来源
载客汽车	大型载客汽车	752.90	EPA（Environmental Protection Agency, United States），2014，结合途经案例区载客汽车的座位数情况得出
	中型载客汽车	317.89	
	小型载客汽车（除普通轿车、SUV 外）		
	普通轿车（含出租车）	五环 212.41 大屯 230.14	根据本研究对七座及七座以下私人汽油乘用车的问卷调研数据和基于三层递进回归模型得到的经验公式，并结合案例区实地情况得出
	SUV		
载重汽车	重型载重汽车	904.72	EPA（Environmental Protection Agency, United States），2014
	中型载重汽车		
	轻型载重汽车	295.85	
公交车	普通公交汽车	701.27	基于奥林匹克中心区公共交通调研问卷及访谈得到的油耗数据，结合燃油 CO_2 排放因子转换得到
	加长公交汽车	1078.88	
	双层公交汽车		

第四章　北五环交通 CO_2 排放实证研究

本章基于对环城高速公路——北五环的交通 CO_2 排放进行估算，分析其交通 CO_2 排放在不同时间尺度的变化特征，着重对限行条件下的交通 CO_2 排放变化特征进行分析，评估不同类型车辆 CO_2 排放对总的交通 CO_2 排放的贡献率。旨在说明：（1）典型城市道路交通 CO_2 排放在不同时间尺度的变化规律；（2）不同车辆类型的 CO_2 排放贡献率；（3）限行条件对交通 CO_2 排放的影响。

4.1　北五环交通 CO_2 排放的变化特征

4.1.1　昼夜变化特征

将北五环 2014 年 1—12 月每月 3 天（周一、周三、周六各 1 天）共计 36 天，自早 6：00 至次日凌晨 1：00 每 30 分钟的交通 CO_2 排放数据，按照每 30 分钟的时间分段对应顺序求平均值，得到北五环 2014 年全年每 30 分钟的平均交通 CO_2 排放值，其昼夜变化如图 4-1 所示。

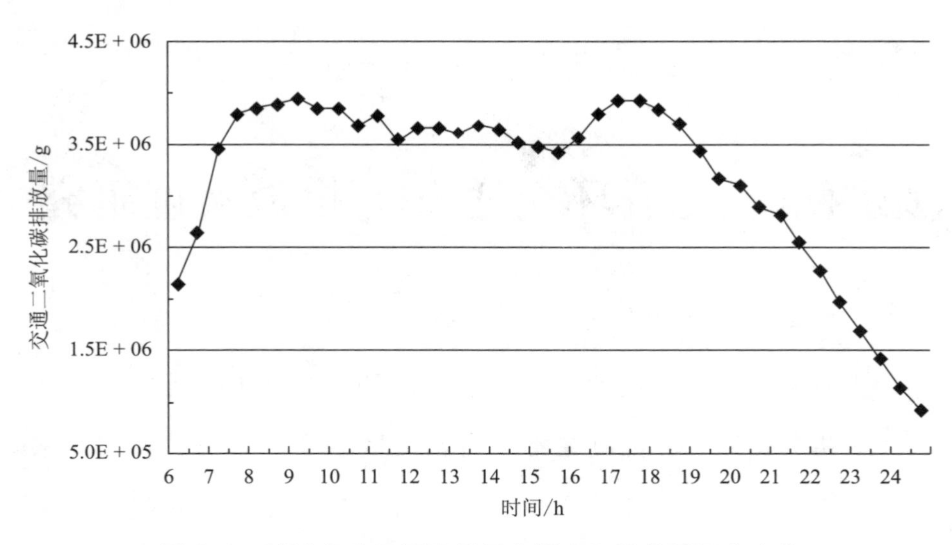

图 4-1 2014 年北五环案例区交通 CO_2 排放量昼夜变化

北五环研究区内交通 CO_2 排放量在昼夜尺度上，自早 6：00 至次日凌晨 1：00 呈现出“低谷—高峰—次低谷—高峰—低谷”的变化趋势。

北五环早 6：00 交通 CO_2 排放为 2.13 t CO_2/30min，6：00~8：00 急剧上升，8：00~9：00 继续上升但上升趋势变缓，9：00~9：30 达到全天第一个排放峰值，为 3.94 t CO_2/30min；9：30~15：30 波动下降，下降趋势缓慢，15：30~16：00 达到次低谷 3.41 t CO_2/30min；16：00~17：00 再次上升，17：00~17：30 达到全天第二个排放峰值，为 3.91 t CO_2/30min；17：30 以后持续下降至次日凌晨 1：00 为 0.92 t CO_2/30min。

北五环交通 CO_2 排放第一个排放高峰时段为 7：30~11：30，

持续 4 小时；第二个排放高峰时段为 16：00～18：30，持续 2.5 小时，较第一个排放高峰时间跨度短 1.5 小时。

北五环交通 CO_2 排放高峰出现时间与工作上下班时间相一致。

4.1.2　周内限行条件下的变化特征

将北五环 2014 年 1—12 月每月限行的周一（周内第一个工作日）、周三（周内普通工作日）和不限行的周六各 1 天，共计周一、周三和周六各 12 天，自早 6：00 至次日凌晨 1：00 每 30 分钟的交通 CO_2 排放数据，分别按照每 30 分钟的时间分段对应顺序求平均值，分别得到北五环 2014 年限行的周一、周三和不限行的周六，全年每 30 分钟的平均交通 CO_2 排放值，其变化分别见图 4-2、图 4-3 和图 4-4。

限行的周一（周内第一个工作日）和周三（周内普通工作日）北五环案例区交通 CO_2 排放自早 6：00 至次日凌晨 1：00 呈现出“低谷—高峰—次低谷—高峰—低谷”的变化趋势；不限行的周六，其交通 CO_2 排放呈现出“低谷—高峰—低谷”的变化趋势。其中：

（1）限行的周一（周内第一个工作日）：北五环早 6：00 交通 CO_2 排放为 2.18 t CO_2/30min，6：00～8：00 急剧上升，8：00～8：30 达到全天第一个排放峰值，为 3.92 t CO_2/30min；8：30～16：00 波动下降，16：00～18：00 再次上升，18：00～18：30 达到全天第二个排放峰值，为 3.96 t CO_2/30min；18：30

以后持续下降至次日凌晨1：00为0.80 t CO_2/30min。

北五环周一交通 CO_2 排放第一个排放高峰时段自7：30至10：00，持续2.5小时；第二个排放高峰时段自16：00至19：00，持续3小时，较第一个排放高峰时间跨度长0.5小时。

（2）限行的周三（周内普通工作日）：北五环早6：00交通 CO_2 排放为2.10 t CO_2/30min，6：00~7：30急剧上升，7：30~8：00达到全天第一个排放峰值，为4.34t CO_2/30min；8：00~11：30持续下降，到11：30达到低谷2.93 t CO_2/30min；11：30~15：00在较低水平波动，15：00~17：00上升，17：00~17：30达到全天第二个排放峰值，为3.89 t CO_2/30min；17：30~18：30在较高水平波动后持续下降至次日凌晨1：00为0.83 t CO_2/30min。

北五环周三交通 CO_2 排放第一个排放高峰时段自7：00至10：00，持续3小时；第二个排放高峰时段自16：30至19：00，持续2.5小时，较第一个排放高峰时间跨度短0.5小时。

（3）不限行的周六（非工作日）：北五环早6：00交通 CO_2 排放为2.16 t CO_2/30min，6：00~11：00上升，11：00~11：30达到排放峰值，为3.94t CO_2/30min；11：30~17：00在较高水平波动，17：00以后持续下降至次日凌晨1：00，为0.93 t CO_2/30min。

北五环案例区工作日（周一、周三）与非工作日（周六）的交通 CO_2 排放变化趋势之间存在显著差别，且与工作作息情况相一致。北五环2014年限行的周一、周三和不限行的周六交通 CO_2

排放均值分别为 126.06 t/d、129.26 t/d 和 126.15 t/d，周三比周一高 2.54%，周六比周一高 0.07%。

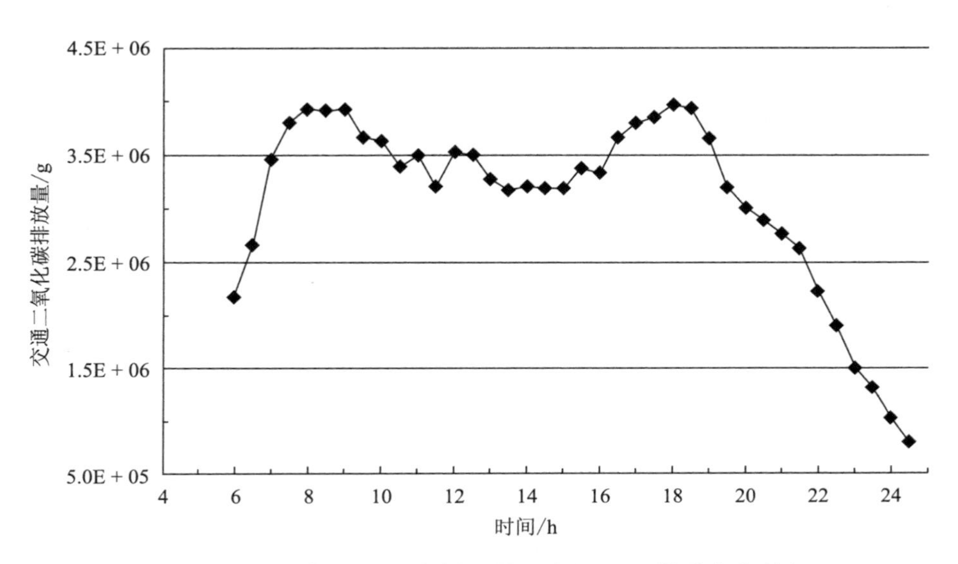

图 4-2　2014 年北五环案例区周一交通 CO_2排放变化特征

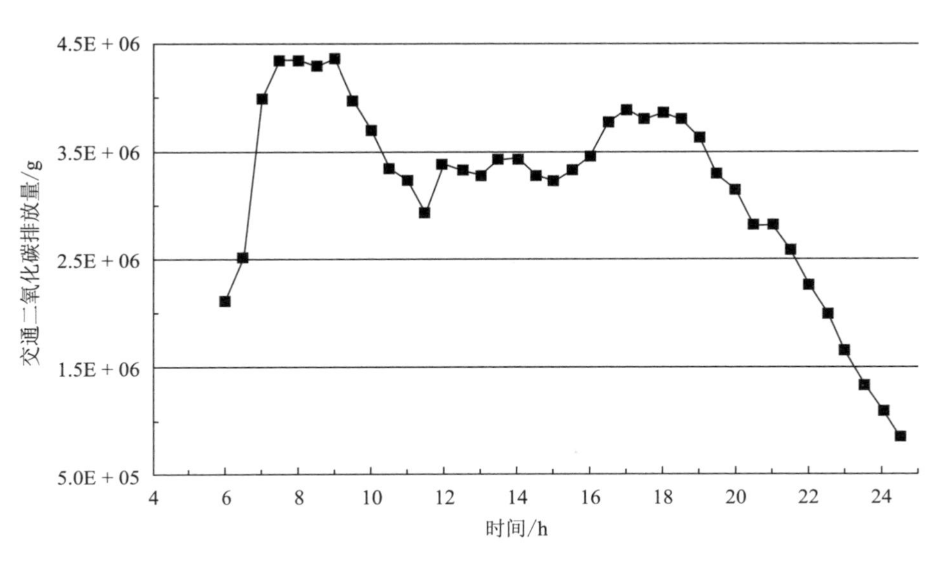

图 4-3　2014 年北五环案例区周三交通 CO_2排放变化特征

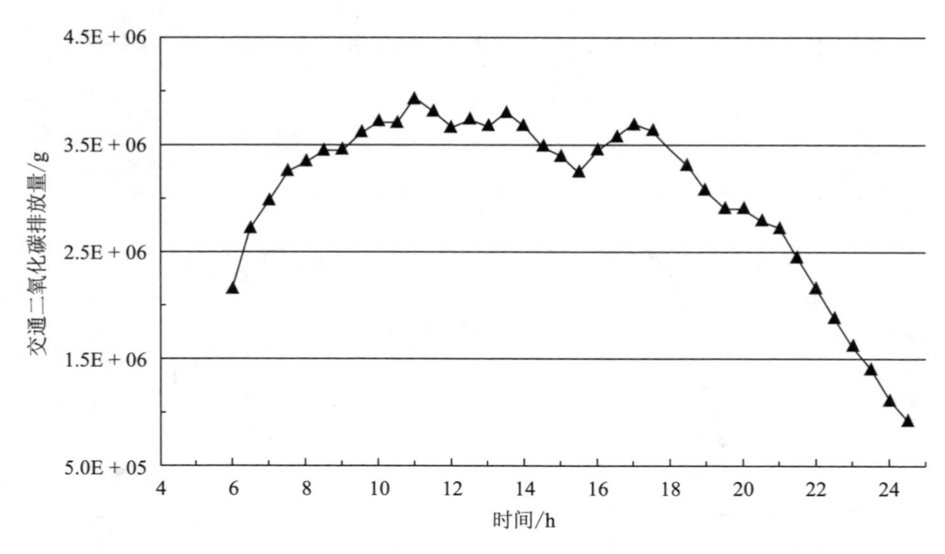

图 4-4　2014 年北五环案例区周六交通 CO_2 排放变化特征

4.1.3　月度变化特征

以邻近的具有交通流量视频采集的周一、周三和周六 24 小时的交通 CO_2 排放估算值为基准，推至全年每一天，得到案例区 2014 年每月及全年交通 CO_2 排放量。

2014 年，北五环案例区交通 CO_2 排放量共计 44391.51t，其中 1—12 月排放量分别为 3190.45t、2859.00t、3160.51t、3847.00t、3614.32t、3249.06t、4030.16t、3886.38t、3669.48t、4515.94t、3914.88t、4454.32t，整体呈波动上升趋势（见图 4-5）。其中，2 月的交通 CO_2 排放量最低，为 2859.00t；10 月的交通 CO_2 排放量最高，为 4515.94t，最高月 CO_2 排放量比最低月高 57.96%。

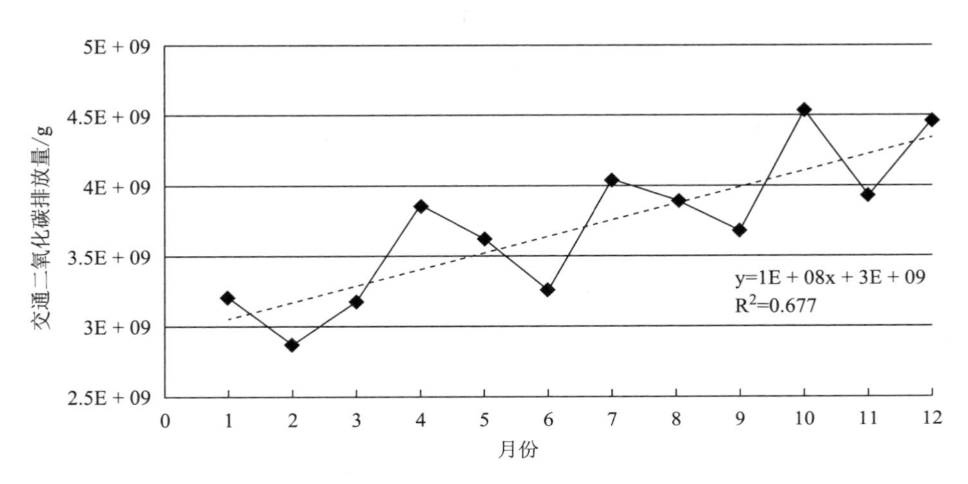

图 4-5　2014 年北五环案例区交通 CO_2排放月度变化特征

4.2　北五环不同车辆类型交通 CO_2 排放贡献率

4.2.1　不同车辆类型交通 CO_2排放总体贡献特征

2014 年，北五环案例区交通 CO_2排放中，载客汽车的 CO_2排放为排放主体，占总交通 CO_2排放量的 76.72%；载重汽车的 CO_2排放量次之，占总交通 CO_2排放量的 22.57%；公交车的 CO_2排放占总交通 CO_2排放最低，为 0.71%。其中：

（1）小型载客汽车为载客汽车 CO_2排放的绝对主体，占总交通 CO_2排放的 72.64%，普通轿车、SUV、出租车和其他小型载客汽车分别占总交通 CO_2排放的 40.37%、14.11%、4.72%、13.44%。

（2）中型载客汽车的 CO_2 排放占总交通 CO_2 排放的 1.01%，大型载客汽车的 CO_2 排放占总交通 CO_2 排放的 3.07%。

（3）载重汽车中，中型载重汽车 CO_2 排放占比最大，为总交通 CO_2 排放的 15.72%；重型载重汽车和小型载重汽车 CO_2 排放量分别占总交通 CO_2 排放量的 5.73%和 1.12%。

综上所述，北五环环城高速公路交通 CO_2 排放贡献中，载客汽车高于载重汽车，高于公交车。

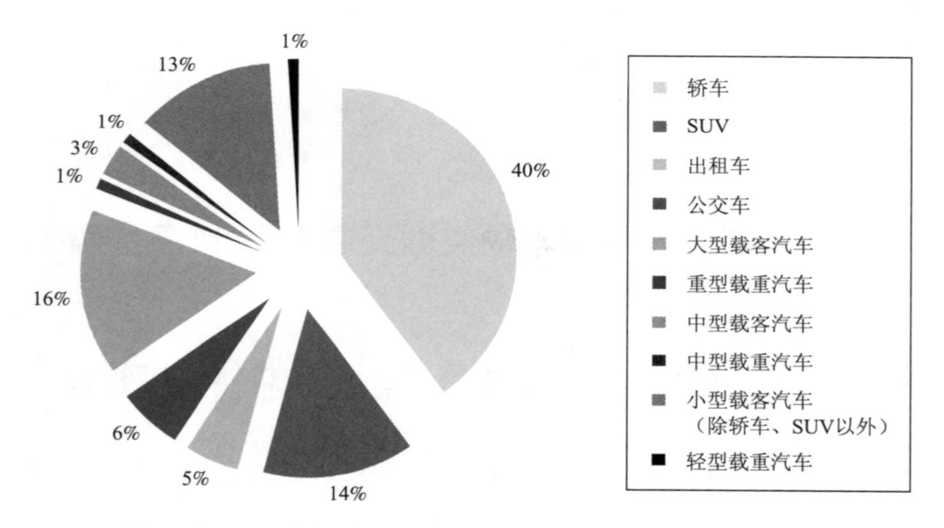

图 4-6　2014 年北五环案例区分车型交通 CO_2 排放贡献特征

4.2.2　载重汽车限行条件下交通 CO_2 排放贡献特征

北京市交通委、市环保局和市公安交通管理局联合发布《关于对部分机动车采取交通管理措施降低污染物排放的通告》，“自 2014 年 4 月 11 日起，每天 6 时至 23 时，载重汽车的禁行范围由四环路（含）以内道路扩大为五环路（不含）以内道路”，限行区域范围扩大。

2014 年全年北五环案例区载重汽车交通 CO_2 排放量占总交通 CO_2 排放的比重，自早 6：00～7：00 急剧下降，且日间 7：00～20：00 维持在较低的水平，20：00～23：00 缓慢上升，23：00 以后急剧上升。

对北五环案例区，新的限行规定实施前和实施后的载重汽车交通 CO_2 排放占总交通 CO_2 排放比重的平均值进行对比分析。实施新的限行规定后，载重汽车交通 CO_2 排放占总交通 CO_2 排放的比重明显低于未实施新的限行规定前的比重，这说明新的限行政策效果明显。

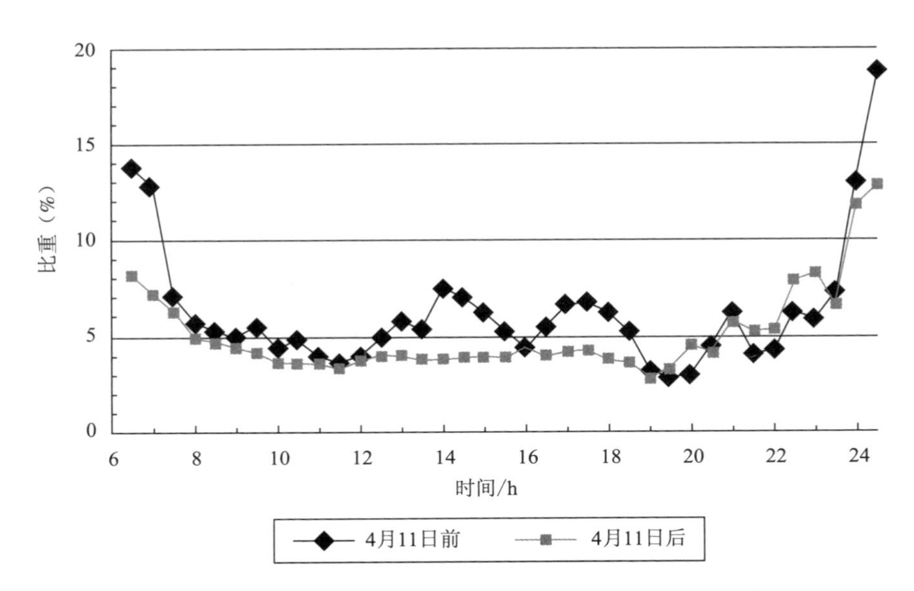

图 4-7　新的限行规定实施前后载重汽车 CO_2 排放占总交通 CO_2 排放比重比较分析

第五章　大屯—北辰西路案例区交通 CO_2 排放实证研究

本章基于对城市主干道——大屯路与北辰西路相交路口的交通 CO_2 排放进行估算，分析其交通 CO_2 排放在不同时间尺度的变化特征，着重对限行条件下的交通 CO_2 排放变化特征进行分析，评估不同类型车辆 CO_2 排放对总的交通 CO_2 排放的贡献率，并与北五环的交通 CO_2 排放进行比较分析。旨在说明：（1）典型城市道路交通 CO_2 排放在不同时间尺度的变化规律；（2）不同车辆类型的 CO_2 排放贡献率；（3）不同等级道路的交通 CO_2 排放特征差异。

5.1　大屯—北辰西路相交路口案例区交通 CO_2 排放的变化特征

5.1.1　昼夜变化特征

分别将大屯—北辰西路相交路口的路面和隧道，2014 年 1—12 月每月 3 天（周一、周三、周六各 1 天）每个监测点全年 36

天，共计 72 天，自早 6：00 至次日凌晨 1：00 每 30 分钟的交通 CO_2排放数据，按照每 30 分钟的时间分段对应顺序求平均值，分别得到大屯—北辰西路相交路口路面和隧道 2014 年全年每 30 分钟的平均交通 CO_2排放值，按照时间对应求和，得到大屯—北辰西路相交路口案例区 2014 年全年平均交通 CO_2排放值。

大屯—北辰西路相交路口案例区交通 CO_2排放中，大屯—北辰西路相交路口路面交通 CO_2排放的比重较大，其总体排放变化特征与路面交通 CO_2排放变化特征一致，昼夜变化如图 5-1 所示。

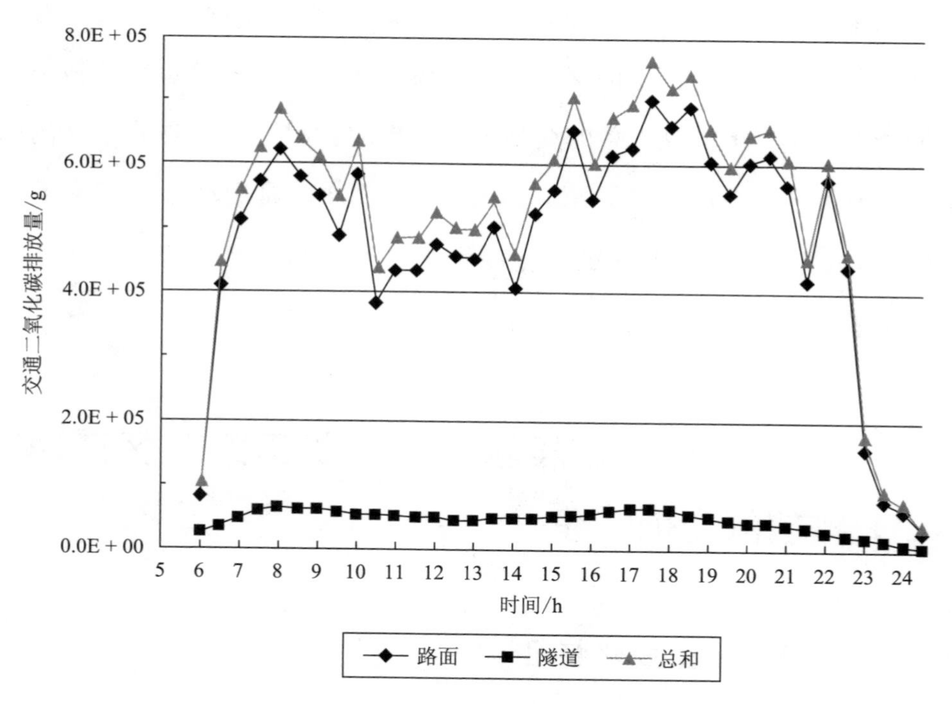

图 5-1　2014 年大屯—北辰西路相交路口案例区交通 CO_2排放量昼夜变化

（1）大屯—北辰西路相交路口总体

大屯—北辰西路相交路口案例区内交通 CO_2 排放量在昼夜尺度上，自早 6：00 至次日凌晨 1：00 呈现出“低谷—高峰—次低谷—高峰—低谷”的变化趋势。

大屯—北辰西路相交路口案例区内早 6：00 交通 CO_2 排放为 104.35 kg CO_2/30min，6：00～8：00 急剧上升，8：00～8：30 达到全天第一个排放峰值，为 685.93 kg CO_2/30min；8：30～10：30 波动下降，10：30～11：00 达到最低，为 383.38 kg CO_2/30min；11：00～14：00 于较低水平波动，14：00～17：30 波动上升，17：30～18：00 达到全天第二个排放峰值，为 764.42 kg CO_2/30min，较第一个排放高峰高 78.49 kg CO_2/30min，11.44%；18：00～22：00 缓慢下降，22：00 以后急剧下降，到 1：00 达到最低，为 37.44 kg CO_2/30min。

大屯—北辰西路案例区交通 CO_2 排放第一个排放高峰时段自 7：00 至 10：00，持续 3 小时；第二个排放高峰时段自 16：30 至 19：00，持续 2.5 小时；较第一个排放高峰时间跨度短 0.5 小时。

大屯—北辰西路相交路口案例区交通 CO_2 排放高峰出现时间与工作上下班时间相一致。

（2）大屯隧道

大屯—北辰西路相交路口隧道的交通 CO_2 排放量远低于路面，其交通 CO_2 排放昼夜尺度变化如图 5-2 所示。

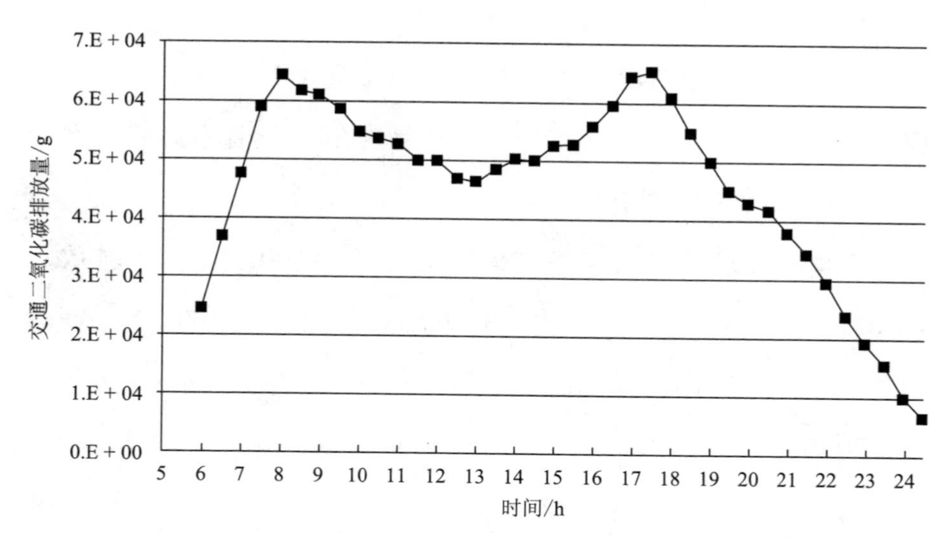

图 5-2　2014 年大屯—北辰西路相交路口隧道案例区交通 CO_2 排放量昼夜变化

大屯隧道交通 CO_2 排放量在昼夜尺度上，自早 6：00 至次日凌晨 1：00 呈现出“低谷—高峰—次低谷—高峰—低谷”的变化趋势。

大屯隧道早 6：00 交通 CO_2 排放为 24.12 kg CO_2/30min，6：00～8：00 急剧上升，8：00～8：30 达到全天第一个排放峰值，为 64.23 kg CO_2/30min；8：30～13：00 下降，13：00～13：30 达到最低，为 46.14 kg CO_2/30min；13：30～15：30 上升，17：30～18：00 达到全天第二个排放峰值，为 65.29 kg CO_2/30min，与第一个排放峰值接近，较第一个排放高峰高 1.06kg CO_2/30min，1.65%；17：30 后持续下降，到次日凌晨 1：00 达到最低，为 6.35kg CO_2/30min。

大屯隧道交通 CO_2 排放第一个排放高峰时段自 7：30 至 9：30，持续 2 小时；第二个排放高峰时段自 16：30 至 18：00，持续 1 小时；较第一个排放高峰时间跨度短 1 小时。

5.1.2　周内限行条件下的变化特征

分别将大屯—北辰西路相交路口路面和隧道 2014 年 1—12 月，每月限行的周一（周内第一个工作日）、周三（周内普通工作日）和不限行的周六各 1 天，每个监测点全年周一、周三和周六各 12 天，共计 72 天，自早 6：00 至次日凌晨 1：00 每 30 分钟的交通 CO_2 排放数据，分别按照每 30 分钟的时间分段对应顺序求平均值，分别得到大屯—北辰西路相交路口路面、大屯隧道 2014 年限行的周一、周三和不限行的周六，全年每 30 分钟的平均交通 CO_2 排放值；按照时间对应求和，分别得到大屯—北辰西路相交路口案例区 2014 年全年周一、周三和周六平均交通 CO_2 排放值。大屯—北辰西路相交路口案例区交通 CO_2 排放中，大屯—北辰西路相交路口路面交通 CO_2 排放的比重较大，其总体排放变化特征与路面交通 CO_2 排放变化特征一致，分别对大屯—北辰西路相交路口案例区和大屯隧道周内限行条件下交通 CO_2 排放特征分析如下：

（1）大屯—北辰西路相交路口案例区

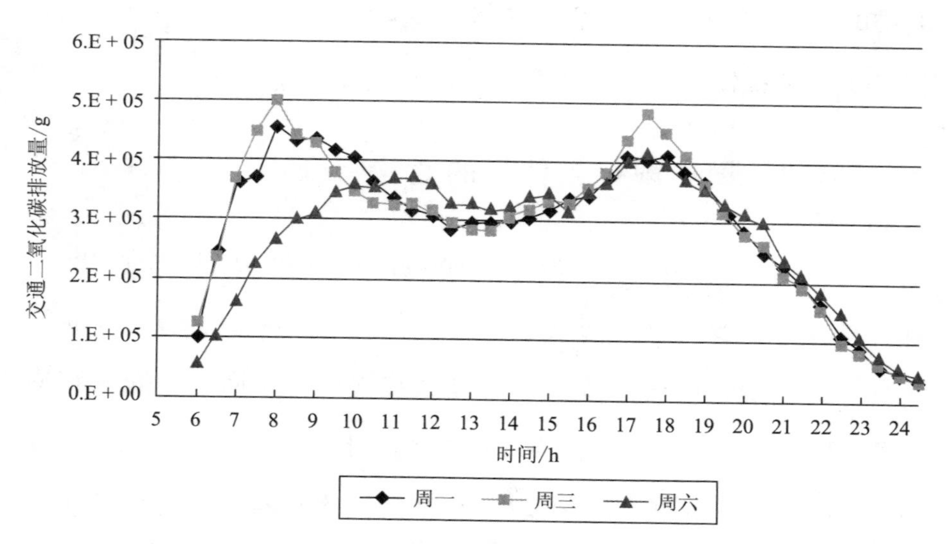

图 5-3　2014 年大屯—北辰西路相交路口案例区周内限行条件下交通 CO_2 排放变化特征

限行的周一（周内第一个工作日）、周三（周内普通工作日）和不限行的周六（非工作日）大屯—北辰西路相交路口案例区交通 CO_2 排放自早 6：00 至次日凌晨 1：00 均呈现出“低谷—高峰—次低谷—高峰—低谷”的变化趋势。其中：

①限行的周一（周内第一个工作日）：大屯—北辰西路相交路口案例区早 6：00 交通 CO_2 排放为 101.51 kg CO_2/30min，6：00～8：00 急剧上升，8：00～8：30 达到全天第一个排放峰值，为 453.97 kg CO_2/30min；8：30～12：30 波动下降，12：30～13：00 达到最低为 294.15 kg CO_2/30min；13：00～17：00 再次上升，17：00～17：30 达到全天第二个排放峰值，为 410.90 kg CO_2/30min；17：30～18：00 于较高水平波动，18：30 以后持续

下降至次日凌晨 1：00，为 35.16 kg CO_2/30min。

大屯—北辰西路相交路口案例区周一交通 CO_2 排放第一个排放高峰时段自 8：00 至 10：00，持续 2 小时；第二个排放高峰时段自 16：30 至 18：30，持续 2 小时。

②限行的周三（周内普通工作日）：大屯—北辰西路相交路口案例区早 6：00 交通 CO_2 排放为 57.84 kg CO_2/30min，6：00～8：00 急剧上升，8：00～8：30 达到全天第一个排放峰值，为 498.85 kg CO_2/30min；8：30～13：30 持续下降，至 13：30～14：00 达到低谷 282.55 kg；CO_2/30min；14：00～16：30 缓慢上升，16：30～17：30 急剧上升，17：30～18：00 达到全天第二个排放峰值，为 481.34 kg CO_2/30min；18：00 后持续下降至次日凌晨 1：00，为 34.13 kg CO_2/30min。

大屯—北辰西路相交路口案例区周三交通 CO_2 排放第一个排放高峰时段自 7：00 至 9：30，持续 2.5 小时；第二个排放高峰时段自 16：30 至 18：30，持续 2 小时，较第一个排放高峰时间跨度短 0.5 小时。

③不限行的周六（非工作日）：大屯—北辰西路相交路口案例区早 6：00 交通 CO_2 排放为 57.84 kg CO_2/30min，6：00～11：30 上升，11：30～12：00 达到全天第一个排放峰值，为 371.60 kg CO_2/30min；12：00～13：30 缓慢下降，13：30～16：00 在较高水平波动，16：00～17：30 上升，17：30～18：00 达到全天第二个排放峰值，为 414.94 kg CO_2/30min；18：00 以后持续下降至次日凌晨 1：00，为 46.76 kg CO_2/30min。

大屯—北辰西路相交路口案例区周六交通 CO_2 排放第一个排放高峰时段自 9：00 至 12：00，持续 3 小时；第二个排放高峰时段自 16：30 至 18：30，持续 2 小时，较第一个排放高峰时间跨度短 1 小时。

综上所述，大屯—北辰西路相交路口案例区工作日与非工作日交通 CO_2排放第一个高峰出现时间差异大，周六第一个高峰出现时间为 9：00，较周一晚 1 小时，较周三晚 2 小时；晚高峰出现时间无明显差异。大屯—北辰西路相交路口案例区限行的周一（周内第一个工作日）、周三（周内普通工作日）和不限行的周六（非工作日）两个排放峰值差异较大，周一、周三、周六第一个排放峰值分别为 453. 97 kg CO_2/30min，498. 85 kg CO_2/30min，371. 60 kg CO_2/30min；周一、周三、周六第二个排放峰值分别为 410. 90 kg CO_2/30min，481. 34 kg CO_2/30min，414. 94 kg CO_2/30min。

（2）大屯隧道

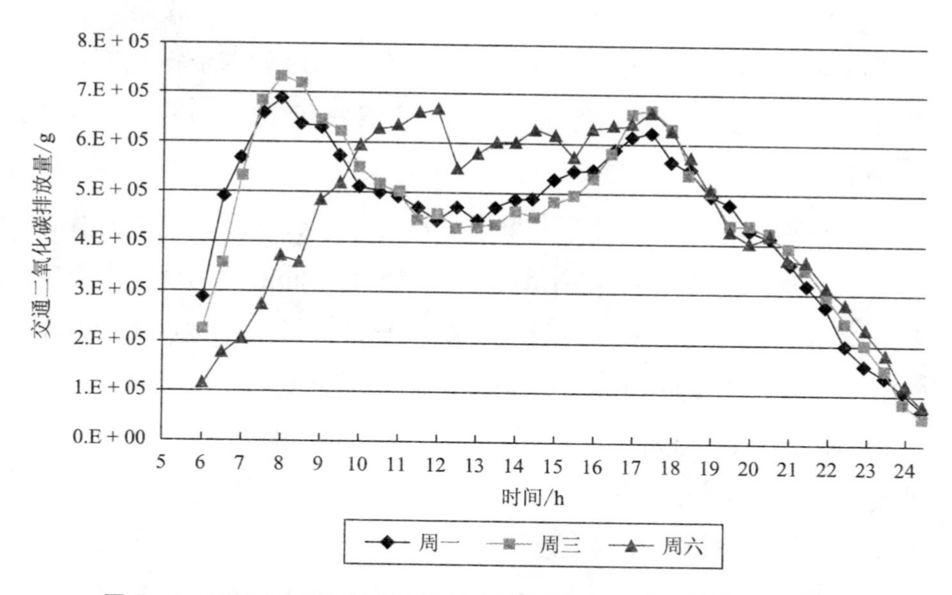

图 5-4　2014 年大屯隧道周内限行条件下交通 CO_2排放变化特征

限行的周一（周内第一个工作日）、周三（周内普通工作日）大屯隧道交通 CO_2 排放自早 6：00 至次日凌晨 1：00 均呈现出“低谷—高峰—次低谷—高峰—低谷”的变化趋势；不限行的周六（非工作日）呈现出“低谷—高峰—低谷”的变化趋势。其中：

①限行的周一（周内第一个工作日）：大屯隧道早 6：00 交通 CO_2 排放为 28.72 kg CO_2/30min，6：00～8：00 急剧上升，8：00～8：30 达到全天第一个排放峰值，为 68.56 kg CO_2/30min；8：30～13：00 波动下降，13：00～13：30 达到最低为 43.79 kg CO_2/30min；13：00～17：30 再次上升，17：30～18：00 达到全天第二个排放峰值，为 62.05 kg CO_2/30min，较第一个排放峰值低 6.51 kg CO_2/30min，9.50%；18：00 以后持续下降至次日凌晨 1：00 为 6.89 kg CO_2/30min。

大屯—北辰西路相交路口案例区周一交通 CO_2 排放第一个排放高峰时段自 7：30 至 9：00，持续 1.5 小时；第二个排放高峰时段自 16：30 至 18：00，持续 1.5 小时。

②限行的周三（周内普通工作日）：大屯隧道早 6：00 交通 CO_2 排放为 22.28 kg CO_2/30min，6：00～8：00 急剧上升，8：00～8：30 达到全天第一个排放峰值，为 73.35 kg CO_2/30min；8：30～12：30 持续下降，截至 12：30～13：00 达到低谷 43.06 kg CO_2/30min；13：00～15：30 缓慢上升，15：30～17：30 急剧上升，17：30～18：00 达到全天第二个排放峰值，为 66.99 kg CO_2/30min；18：00 后持续下降至次日凌晨 1：00，为 5.46 kg

CO_2/30min。

大屯—北辰西路相交路口案例区周三交通 CO_2 排放第一个排放高峰时段自 7：30 至 9：00，持续 1.5 小时；第二个排放高峰时段自 16：30 至 18：00，持续 1.5 小时。

③不限行的周六（非工作日）：大屯隧道早 6：00 交通 CO_2 排放为 11.23 kg CO_2/30min，6：00～12：00 上升，12：00～12：30 达到排放峰值，为 66.97 kg CO_2/30min；12：30～18：00 在较高水平波动，18：00 以后持续下降至次日凌晨 1：00，为 7.65 kg CO_2/30min。

综上所述，大屯隧道工作日与非工作日交通 CO_2 排放变化趋势差异大，工作日呈现出"低谷—高峰—次低谷—高峰—低谷"的变化趋势，非工作日呈现出"低谷—高峰—低谷"的变化趋势。限行的周一（周内第一个工作日）和周三（周内普通工作日）之间，两个排放峰值之间存在明显差异，第一个排放峰值分别 65.56 kg CO_2/30min 和 73.35 kg CO_2/30min，周三较周一高 7.79 kg CO_2/30min，11.88%；第二个排放峰值分别为 62.02 kg CO_2/30min 和 66.99 kg CO_2/30min，周三较周一高 1.08 kg CO_2/30min，1.74%。

5.1.3 月度变化特征

以邻近的具有交通流量视频采集的周一、周三和周六 24 小时的交通 CO_2 排放估算值为基准，推至全年每一天，得到案例区 2014 年每月及全年交通 CO_2 排放量。

2014 年，大屯—北辰西路相交路口案例区交通 CO_2 排放量共计 4045.36t，远低于北五环案例区的交通 CO_2 排放量。其中，1—12 月排放量分别为 292.69t、255.22t、304.83t、332.06t、363.16t、347.89t、323.76t、357.97t、356.33t、391.92t、347.13t、372.40t、整体呈波动上升趋势（见图 5-5）。其中，2 月的交通 CO_2 排放量最低，为 255.22t；10 月的交通 CO_2 排放量最高，为 391.92t，最高月 CO_2 排放量比最低月高 53.56%。

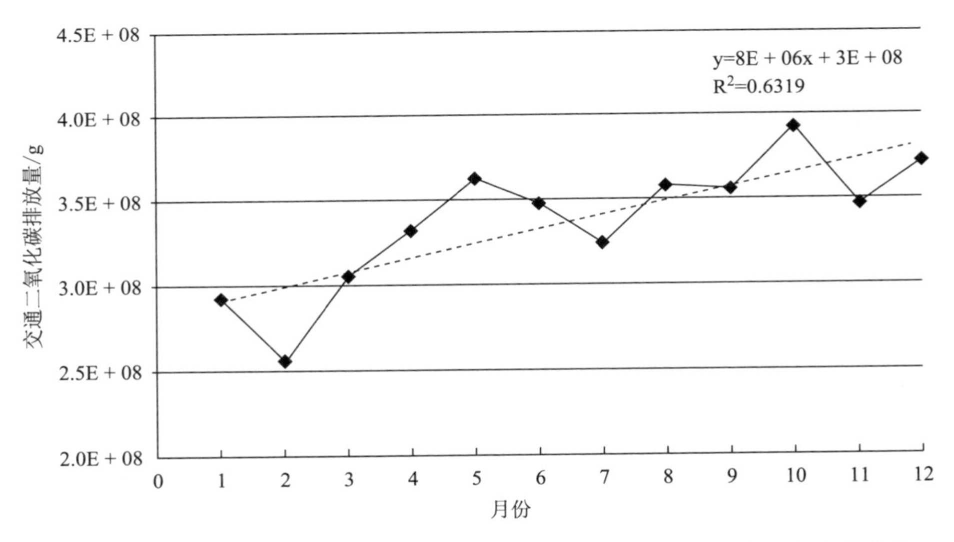

图 5-5　2014 年大屯—北辰西路相交路口案例区交通 CO_2 排放月度变化特征

2014 年，大屯路和北辰西路路面交通 CO_2 排放量共计 3394.21t。其中，1—12 月排放量分别为 239.93t、209.42t、252.70t、275.71t、304.33t、294.37t、268.86t、304.13t、304.80t、334.42t、292.17t、313.38t，整体呈波动上升趋势（见图 5-6）。

其中，2 月的交通 CO_2 排放量最低，为 209.42t；10 月的交通 CO_2 排放量最高，为 334.42t，最高月 CO_2 排放量比最低月高 59.69%。

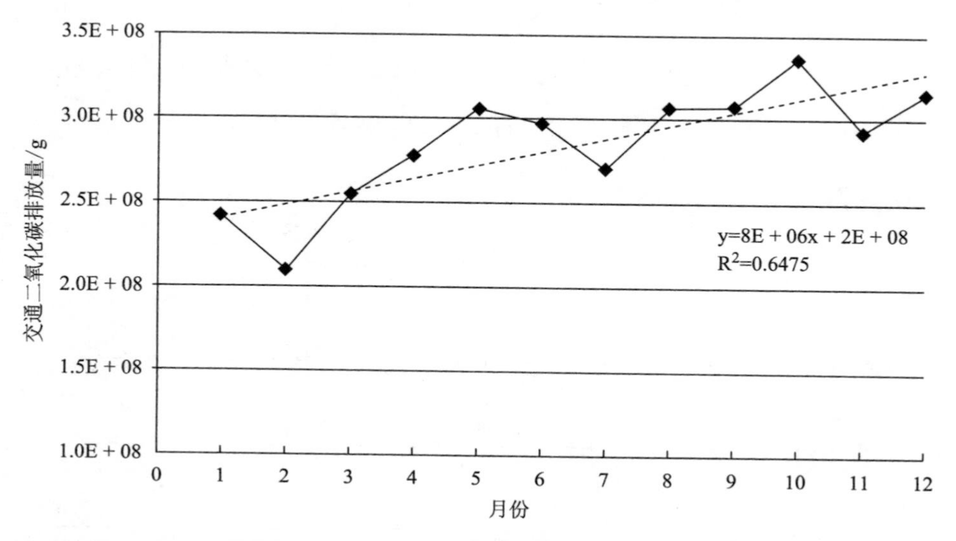

图 5-6　2014 年大屯路和北辰西路路面交通 CO_2 排放月度变化特征

2014 年，大屯隧道交通 CO_2 排放量共计 651.15t，远低于北五环案例区、大屯路和北辰西路路面的交通 CO_2 排放量。其中，1—12 月排放量分别为 52.75t、45.80t、52.13t、56.35t、58.83t、53.52t、54.90t、53.85t、51.53t、57.50t、54.96t、59.02t，呈现出波动上升趋势，但上升趋势不如大屯路和北辰西路路面明显（见图 5-7）。其中，2 月的交通 CO_2 排放量最低，为 45.80t；12 月的交通 CO_2 排放量最高，为 59.02t，最高月 CO_2 排放量比最低月高 28.86%。

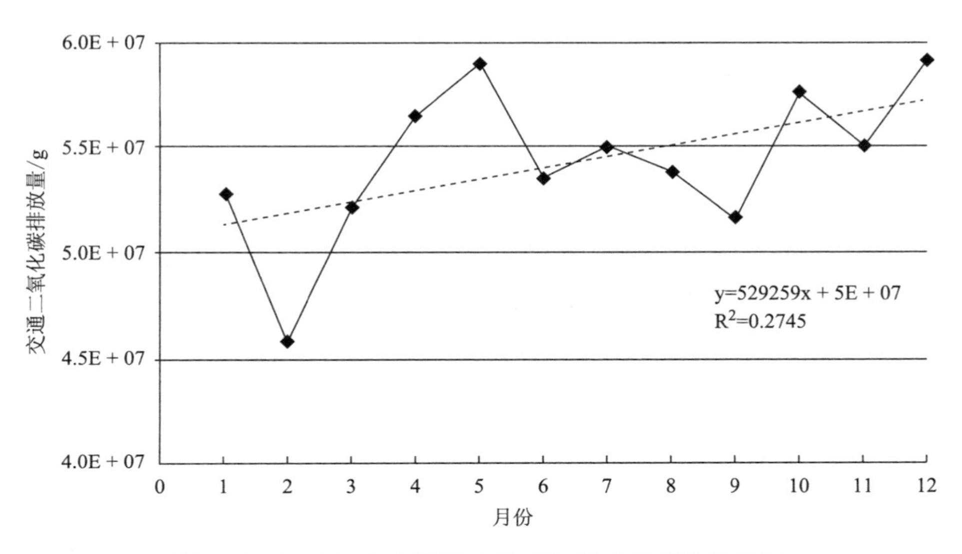

图 5-7　2014 年大屯隧道交通 CO_2 排放月度变化特征

5.2　不同车辆类型交通 CO_2 排放贡献率

2014 年，大屯—北辰西路相交路口案例区交通 CO_2 排放中：

（1）载客汽车的 CO_2 排放量为总的交通 CO_2 排放量的绝对主体，占总交通 CO_2 排放量的 80.80%；公交车的 CO_2 排放量次之，占总交通 CO_2 排放量的 15.74%；载重汽车的 CO_2 排放量占总交通 CO_2 排放量最少，为 3.46%。

（2）载客汽车中，普通轿车和 SUV 等小型私人乘用车占比最大，普通轿车 CO_2 排放量最多，占总交通 CO_2 排放量的 49.01%，SUV 次之，占总交通 CO_2 排放量的 12.46%；出租车 CO_2 排放量占

总交通 CO_2 排放量的 10.12%，大型载客汽车、中型载客汽车及除普通轿车、SUV 和出租车以外的小型载客汽车等 3 种车型的排放量占总交通 CO_2 排放量的 9.21%。

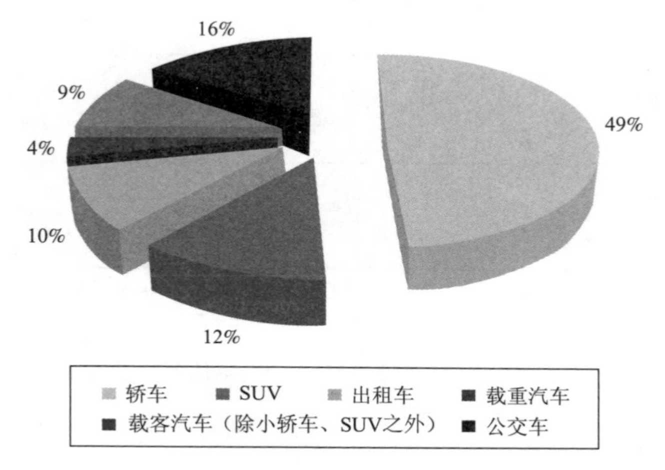

图 5-8　2014 年大屯—北辰西路相交路口案例区分车型交通 CO_2 排放贡献特征

5.3　不同等级城市道路交通 CO_2 排放特征比较分析

5.3.1　排放总量及变化特征比较

对环城高速公路——北五环与城市主干道——大屯—北辰西路相交路口 2 个典型城市道路路段交通 CO_2 的排放总量和变化特征进行比较分析，如下：

（1）2014 年，北五环案例区交通 CO_2 排放量全年共计 44391.51t，大屯—北辰西路相交路口案例区共计 4045.36t，远低于北五环案例区，为北五环案例区交通 CO_2 总排放量的 10.97%。

（2）北五环与大屯—北辰西路相交路口的交通 CO_2 排放量在昼夜尺度上，自早 6：00 至次日凌晨 1：00 均呈现出“低谷—高峰—次低谷—高峰—低谷”的变化趋势。

（3）大屯—北辰西路相交路口与北五环相比，其交通 CO_2 排放量在日间变化更为剧烈。

（4）北五环第一个排放峰值与第二个排放峰值接近，大屯—北辰西路相交路口第二个排放峰值相比第一个排放峰值高出 11.44%。

（5）北五环交通 CO_2 排放第一个排放高峰自 7：30 开始，较大屯—北辰西路相交路口出现晚 30 分钟；第一个排放高峰持续时间较大屯—北辰西路相交路口长 1 小时。

（6）北五环交通 CO_2 排放第二个排放高峰自 16：00 开始，较大屯—北辰西路相交路口出现早 30 分钟；第二个排放高峰持续时间与大屯—北辰西路相交路口相同。

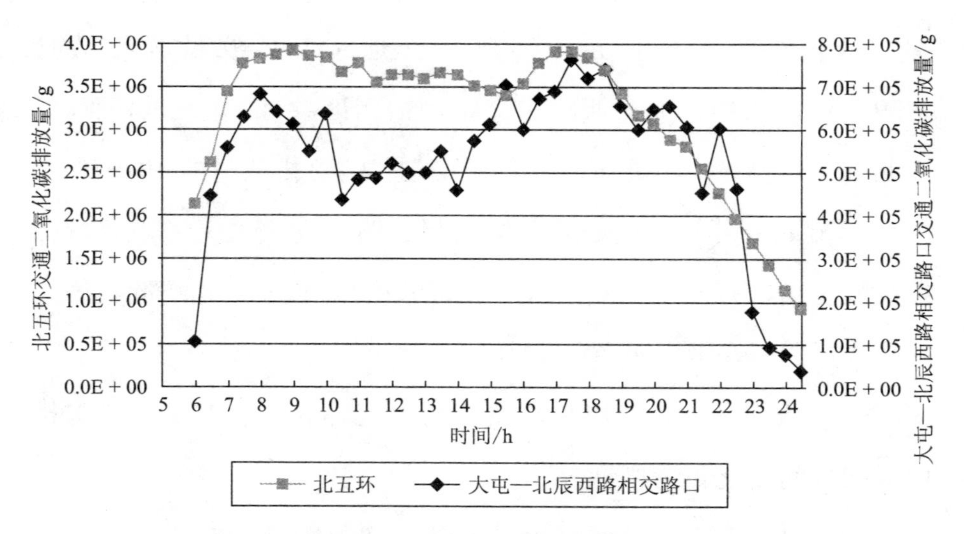

图 5-9　不同等级城市道路交通 CO_2 排放变化特征比较

注：北五环和大屯—北辰西路相交路口 2014 年全年平均。

5.3.2　排放结构比较

对环城高速公路——北五环与城市主干道——大屯—北辰西路相交路口 2 个典型城市道路路段交通 CO_2 的排放结构进行比较分析，见图 5-10。

（1）大屯—北辰西路相交路口案例区与北五环案例区，均以载客汽车 CO_2 排放为主体。大屯—北辰西路相交路口载客汽车 CO_2 排放占总交通 CO_2 排放的 80.80%，北五环载客汽车 CO_2 排放占总交通 CO_2 排放的 76.71%。大屯—北辰西路案例区载客汽车 CO_2 排放占总交通 CO_2 排放的比例较北五环高 4.09%。

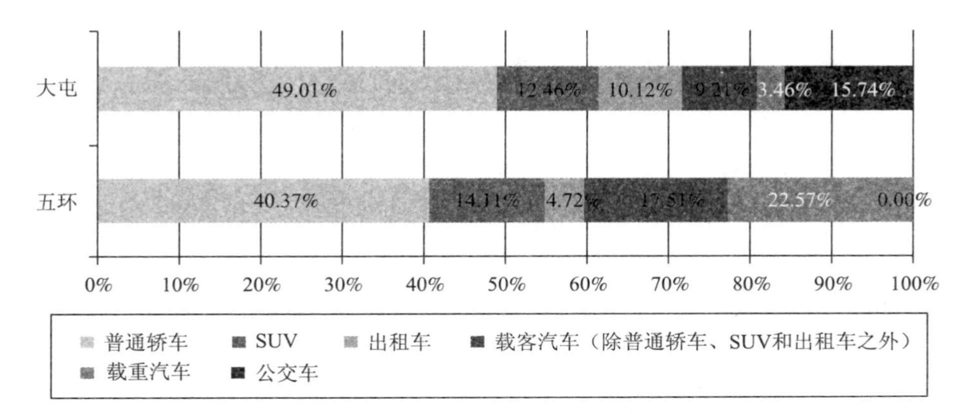

图 5-10　不同等级城市道路交通 CO_2 排放结构特征比较

注：北五环和大屯—北辰西路相交路口 2014 年全年平均。

（2）载客汽车中，大屯—北辰西路相交路口与北五环普通轿车交通 CO_2 排放占总交通 CO_2 排放的比重均为最大，分别为 49.01% 和 40.27%，大屯—北辰西路相交路口较北五环普通轿车 CO_2 排放比重大 8.74%。

（3）大屯—北辰西路相交路口载重汽车 CO_2 排放占总交通 CO_2 排放的比重为 3.46%，北五环载重汽车 CO_2 排放占总交通 CO_2 排放的比重为 22.57%，相比于大屯—北辰西路相交路口高 19.11%。

（4）大屯—北辰西路相交路口公交车 CO_2 排放占总交通 CO_2 排放的比重为 15.74%，北五环载重汽车 CO_2 排放占总交通 CO_2 排放的比重接近于 0，大屯—北辰西路相交路口公交车 CO_2 排放占总交通 CO_2 的比重较北五环高 15.74%。

5.4 低碳交通政策建议

基于对北京市奥林匹克中心区内 2 个典型城市道路路段交通 CO_2 排放的时间变化特征和结构特征分析结果，提出低碳交通政策建议如下：

（1）建立生态小汽车智能交通系统，促进车辆有效运行。

在智能交通系统建设方面，欧盟、美国和日本等国的经验值得借鉴。欧盟的 EcoMove 项目通过车—路、车—车协同交通优化驾驶员的驾驶行为，提高交通运行效率，减少油耗和污染物排放。美国的 IntelliDrive 实现车辆与交通信号灯的通信，消除其不必要的停车等待。日本 Smartway 构建智能道路、智能车辆、紧急救援系统实现安全、高效、低排放的交通。

借鉴国际智能交通系统建设的先进经验，构建基于汽车智能传感器、云架构车辆运行信息平台，由车辆位置、速度和路线等信息构成生态小汽车智能交通系统，为车辆有效运行提供服务，减少油耗和 CO_2 排放。

（2）率先实施 UBI 保险，推动驾驶人主动参与降低汽车 CO_2 和污染物排放。

UBI（Usage Based Insurance，大数据新型保险）交通保险理论基础是驾驶行为表现较安全的驾驶员应该获得保费优惠，保费取决于实际驾驶时间、地点、具体驾驶方式或这些指标的综合考虑。目前，UBI 产品在美国、英国和意大利等国家都有发展，实施后汽车尾气减排效果好。

针对早、晚高峰交通 CO_2 排放突出的现象，建议实施机动车 UBI 保险，通过市场化建立小汽车驾驶人主动参与的交通 CO_2 和污染物减排机制。

（3）制定绿色驾驶行为评价标准和规范，科学规范和引导绿色驾驶行为。

借鉴美国、瑞士、德国、澳大利亚、日本和韩国等国家在鼓励绿色驾驶行为方面提出的一些政策，如德国将绿色驾驶作为驾校的培训课程内容，并将绿色驾驶知识作为理论考试内容或路考科目；日本通过设立绿色驾驶资助金来奖励绿色驾驶行为。

建议相关部门制定绿色驾驶行为评价标准和规范，将绿色驾驶知识和技能纳入北京市驾驶员培训课程或驾照考试，设立绿色驾驶基金和环保补贴等来规范和激励绿色驾驶行为。

（4）进一步加强电动汽车的推广，推动传统汽车向新能源汽车转型。

电动汽车污染少、能源转化效率高，是新能源汽车转型的重要方向。建议北京市在已有工作的基础上，通过对购买电动汽车实施补贴，电动汽车不需参加摇号直接上牌，纯电动汽车不限行，以及加强充电桩等配套基础设施建设等政策措施，进一步推广电动汽车的使用，推动传统汽车向新能源汽车转型。

第六章　交通 CO_2 排放与碳通量关系研究

本章对 2014 年通量站监测塔 1 和通量站监测塔 2 碳通量拆分得到的生态系统碳输出通量在不同时间尺度的变化特征进行分析，结合第三章大屯—北辰西路相交路口和北五环 2 个案例区的交通 CO_2 排放估算结果，分别对 2 个案例区交通 CO_2 排放与生态系统碳输出通量之间的关系进行分析。旨在说明：（1）不同类型城市下垫面区域生态系统碳输出通量变化特征；（2）不同类型城市下垫面区域交通 CO_2 排放对生态系统碳输出通量的贡献。

6.1　城市生态系统碳通量构成

城市生态系统碳通量包括输入通量和输出通量。其中，输入通量主要包括植被光合作用碳吸收，即生态系统光合；输出通量主要是指各种途径的碳排放，主要有植物与土壤呼吸、人类和动物呼吸、化石燃料燃烧（包括交通、生活消费中化石燃料的燃烧），即生态系统呼吸（赵荣钦，黄贤金，2013）。

6.2 数据来源与碳通量拆分

6.2.1 数据来源

依托中国科学院生态系统网络观测与模拟重点实验室建立的城市市区碳循环观测点 CO_2/H_2O 通量观测系统和北京市林业碳汇工作管理办公室建立的奥林匹克森林公园监测站 CO_2/H_2O 通量观测系统，分别获取大屯—北辰西路相交路口案例区和北五环案例区 2014 年 1—12 月每 30 分钟的碳通量观测数据。

监测站通量塔 1，位于中国科学院地理科学与资源研究所 3 段主楼 8 层顶部；监测站通量塔 2 位于奥林匹克森林公园北部（北纬 40°01′34.47″，东经 116°23′29.15″）。2 个通量观测系统主要由开路红外 CO_2/H_2O 气体分析仪（Model Li-7500，licor Inc Lincoln，Nebraska）、三维超声风速仪（Model CSAT3，Campbell Scientific Inc.，Logan Utah）和数据采集器（Model CR3000，Campbell Scientific Inc.，Logan Ltah）构成。所有 10Hz 的原始数据均利用数据采集器 CR3000 记录并存储，同时记录存储周期为 30 分钟的通量数据。监测站通量塔 1 和监测站通量塔 2 分别见图 6-1（a）、(b)。

通量观测覆盖的区域一般为 1～10km^2，与观测设备的高度（越高覆盖范围越大）和大气湍流交换强度（大气运动越弱覆盖范围越大）以及下垫面（异质性越大覆盖范围越大）有关。通量塔观测的碳水通量并不是从以塔为中心的区域内产生，而是来自于通量贡献区（Footprint）。

图 6-1　案例区监测站碳通量塔

注：(a) 为大屯—北辰西路相交路口监测站碳通量塔 1，(b) 为北五环监测站碳通量塔 2。

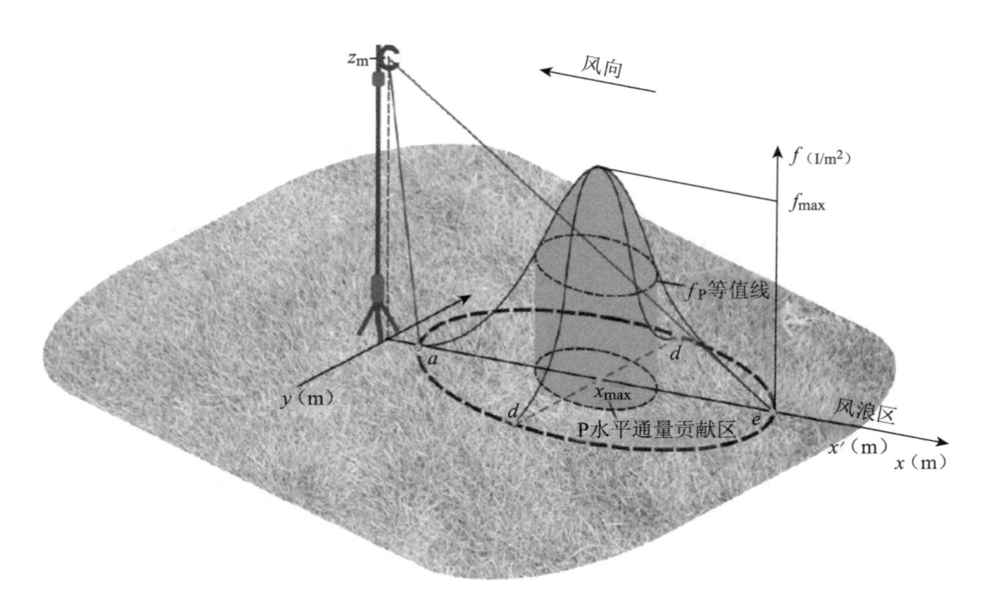

图 6-2　某时刻通量贡献区示意

注：f 在 xy 平面上投影区域是通量贡献区。

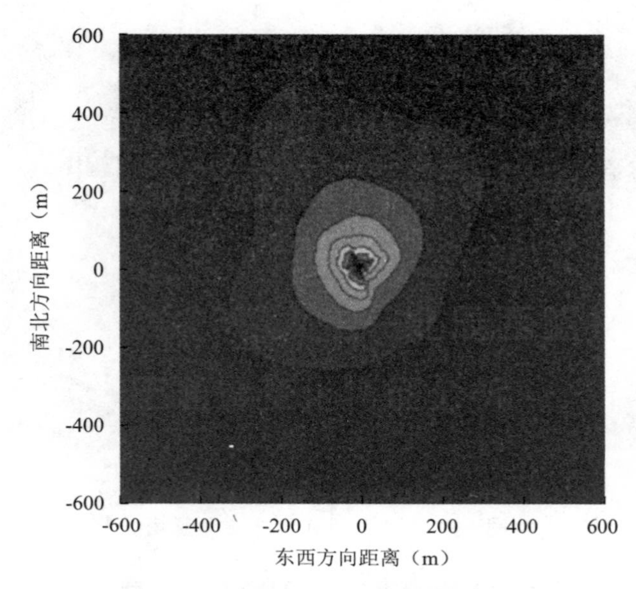

图 6-3　2014 年 9 月 3 日监测站通量塔 1 的碳通量贡献区

注：KM 通量贡献区模型计算。

6.2.2　通量数据处理与拆分

采用 ChinaFLUX 的通量数据标准处理流程对通量及常规气象数据进行处理。基于观测的 30 分钟通量数据，进行坐标旋转使垂直方向平均风速为零，排除地形因素对碳收支通量的影响；在此基础上，进行 WPL 校正，以排除温度改变对碳通量的影响，并计算储存项。对于夜间通量数据，通过确定临界值，剔除低湍流通量下的通量数据；对于缺失数据，应用非线性拟合方法进行插补。分别获得大屯—北辰西路相交路口和北五环案例区每 30 分钟的净 CO_2 通量数据。

采用基于夜间数据，建立呼吸与土温的指数函数关系，对于净碳交换数据进行拆分。分别获得大屯—北辰西路相交路口和北五环案例区每30分钟的城市生态系统输入通量数据（生态系统光合数据）和输出通量数据（生态系统呼吸数据）。

6.3　大屯—北辰西路相交路口生态系统碳输出通量变化特征分析

6.3.1　昼夜变化特征

本研究计算2014年全年每30分钟的大屯—北辰西路相交路口案例区生态系统碳输出通量数据的平均值，并对其生态系统碳输出通量昼夜变化进行分析。大屯—北辰西路相交路口案例区2014年全年平均生态系统碳输出通量昼夜变化如图6-4所示。

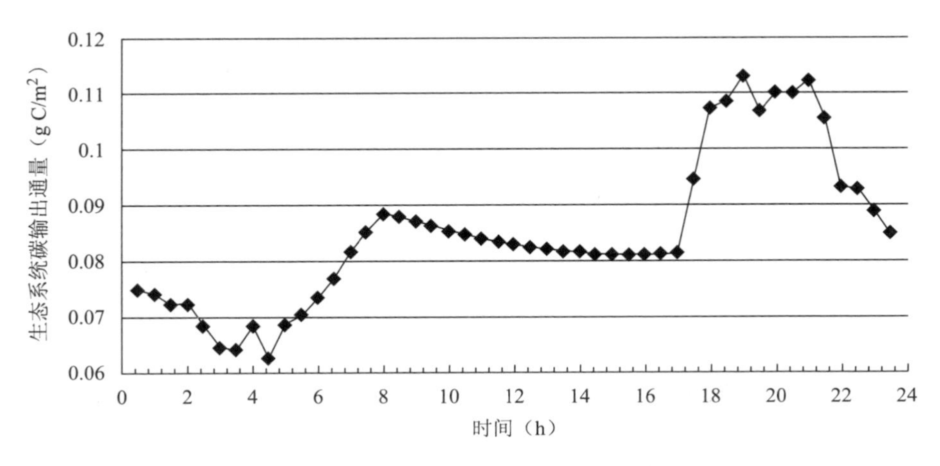

图6-4　2014年大屯—北辰西路相交路口案例区生态系统碳输出通量昼夜变化

大屯—北辰西路相交路口案例区生态系统碳输出通量在昼夜尺度上，自 0：00 至 24：00 呈现出“低谷—次高峰—次低谷—高峰—低谷”的变化趋势，与该案例区交通 CO_2 排放变化趋势基本一致。

大屯—北辰西路相交路口案例区生态系统碳输出通量，0：00~4：00 在较低水平 0.07 g C/m^2 波动，4：00~8：00 急剧上升，8：00~8：30 达到第一个碳输出通量峰值，为 0.09 g C/m^2；8：00~17：00 缓慢下降，仍维持在较高水平；17：00~19：00 急剧上升，19：00~19：30 达到一天中碳输出通量最高峰，为 0.11 g C/m^2；19：30~21：00 碳输出通量在 0.10~0.11 g C/m^2 波动；21：00~24：00 急剧下降。

6.3.2 月度变化特征

将大屯—北辰西路相交路口案例区生态系统碳输出通量每 30 分钟数据按照月度进行累加，得到该案例区在 2014 年 1—12 月的月度生态系统碳输出通量。大屯—北辰西路相交路口案例区生态系统碳输出通量的月度变化如图 6-5 所示。

大屯—北辰西路相交路口案例区生态系统碳输出通量在月度尺度上，呈现出“高峰—低谷—高峰”的变化趋势。

大屯—北辰西路相交路口案例区生态系统碳输出通量，1 月最高，为 154.00 g C/m^2；1—4 月急剧下降，4—9 月在较低水平波动，其中 7 月最低，为 90.40 g C/m^2；9—10 月上升，10—12 月在相对较高水平波动。大屯—北辰西路相交路口案例区生态系统碳输出通量最高的 1 月比最低的 7 月高 63.60 g C/m²，1 月的生态系统碳输出通量是 7 月的 1.70 倍。

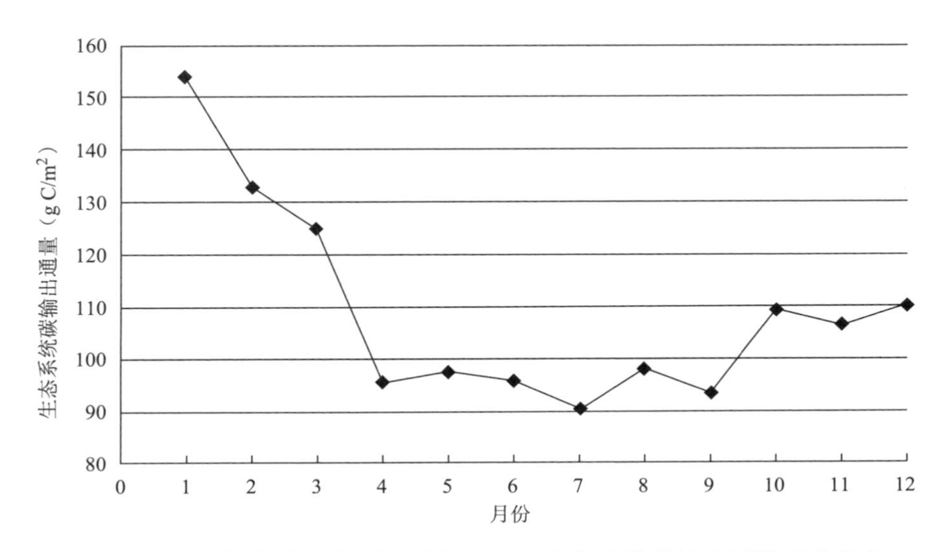

图 6-5　2014 年大屯—北辰西路相交路口生态系统碳输出通量月度变化

大屯—北辰西路相交路口案例区生态系统碳输出通量月度变化高水平时段（1—3 月和 10—12 月）与北京市供暖期（1—3 月和 10—12 月）完全一致。

6.4　北五环生态系统碳输出通量变化特征分析

6.4.1　昼夜变化特征

本研究计算 2014 年全年每 30 分钟的北五环案例区生态系统碳输出通量数据的平均值，并对其生态系统碳输出通量昼夜变化进行分析。北五环案例区 2014 年全年平均生态系统碳输出通量昼夜变化如图 6-6 所示。

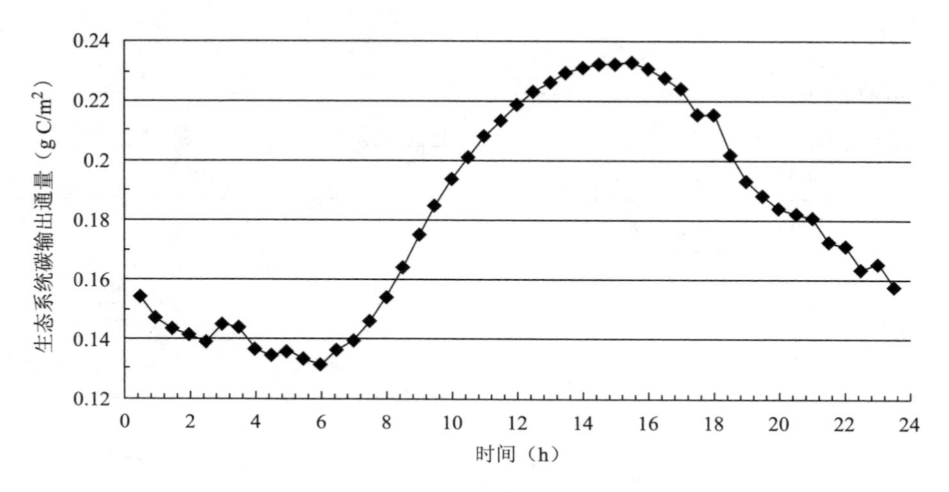

图 6-6　2014 年北五环案例区生态系统碳输出通量昼夜变化

北五环案例区生态系统碳输出通量在昼夜尺度上，自 0：00 至 24：00 呈现出“低谷—高峰—低谷”的变化趋势，与该案例区一天内温度变化趋势大体一致。

北五环案例区生态系统碳输出通量，0：00～6：00 在较低水平，并呈下降趋势，6：00～6：30 达到最低，为 0.13 g C/m^2；7：00～15：30 不断上升，到 15：30～16：00 达到峰值，为 0.23 g C/m^2；16：00～24：00 不断下降。

6.4.2　月度变化特征

将北五环案例区生态系统碳输出通量每 30 分钟数据按照

月度进行累加，得到该案例区 2014 年 1—12 月的月度生态系统碳输出通量。北五环案例区生态系统碳输出通量月度变化如图 6-7 所示。

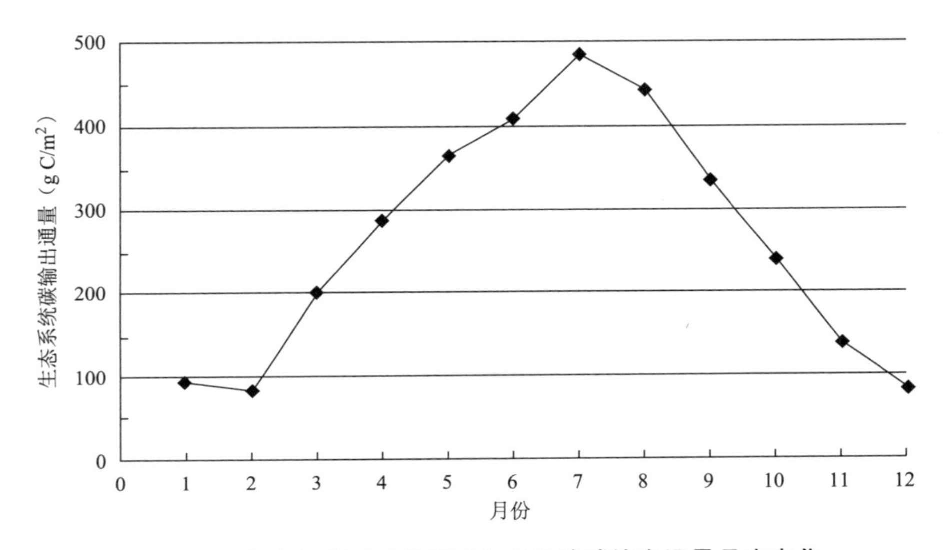

图 6-7　2014 年北五环案例区生态系统碳输出通量月度变化

北五环案例区生态系统碳输出通量在月度尺度上，呈现出“低谷—高峰—低谷”的变化趋势，其变化趋势与全年温度变化趋势一致。

北五环案例区生态系统碳输出通量，1—2 月均处于较低水平，2—7 月不断上升，7 月达到峰值 484.50 g C/m^2；7—12 月不断下降，到 12 月达到全年最低，为 83.48 g C/m^2。北五环案例区生态系统碳输出通量最高的 7 月比最低的 1 月高 401.02 g C/m^2，1 月生态系统碳输出通量是 7 月的 5.80 倍。

6.5 不同类型城市下垫面生态系统碳输出通量比较分析

6.5.1 昼夜变化特征

本研究分别计算了 2014 年全年每 30 分钟的大屯—北辰西路相交路口案例区和北五环案例区生态系统碳输出通量数据的平均值，对其生态系统碳输出通量昼夜变化进行比较分析。（见图 6-8）

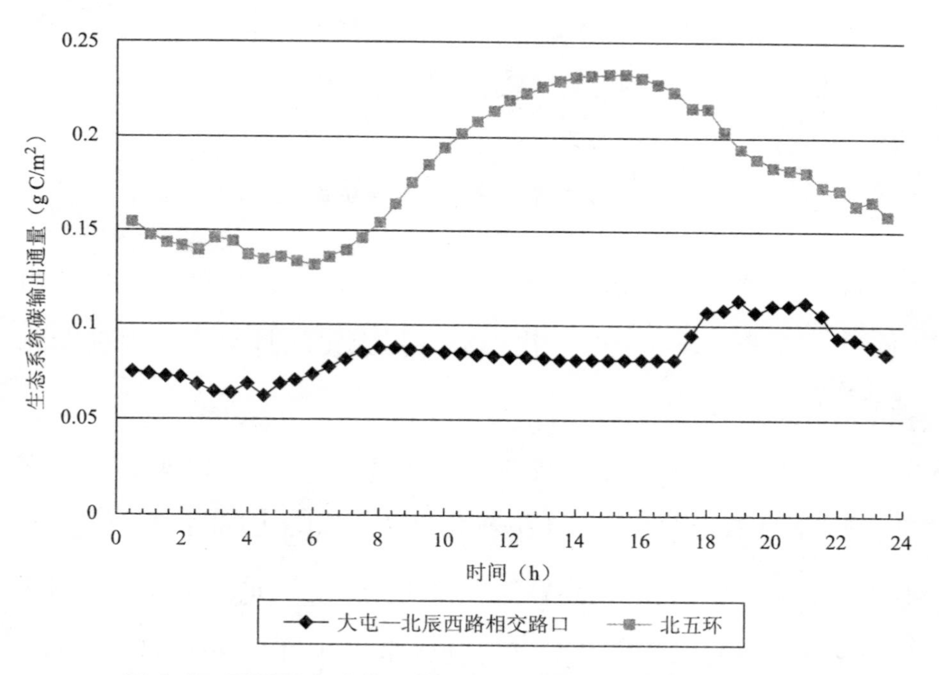

图 6-8　不同城市功能下垫面生态系统碳输出通量昼夜变化

（1）不同类型城市下垫面生态系统输出通量昼夜变化趋势差异较大。复杂城市功能下垫面——大屯—北辰西路相交路口案例区生态系统碳输出通量，自 0：00 至 24：00 呈现出“低谷—次高峰—次低谷—高峰—低谷”的变化趋势，与该案例区交通 CO_2 排放变化趋势一致。城市公园下垫面（临近环城高速公路）——北五环案例区生态系统碳输出通量，自 0：00 至 24：00 呈现出“低谷—高峰—低谷”的变化趋势，与该案例区一天内温度变化趋势大体一致。

（2）北五环案例区每 30 分钟生态系统碳输出通量绝对值高于大屯—北辰西路相交路口案例区。北五环案例区生态系统碳输出通量最高值为 0.23 g C/m^2，大屯—北辰西路案例区生态系统碳输出通量最高值为 0.11 g C/m^2，北五环案例区生态系统碳输出通量最高值为大屯—北辰西路的 2.09 倍。北五环案例区生态系统碳输出通量最低值为 0.13 g C/m^2，大屯—北辰西路案例区生态系统碳输出通量最低值为 0.07 g C/m^2，北五环案例区生态系统碳输出通量最低值为大屯—北辰西路的 1.86 倍。

6.5.2　月度变化特征

将大屯—北辰西路相交路口和北五环案例区生态系统碳输出通量每 30 分钟数据按照月度进行累加，分别得到 2 个案例区 2014 年 1—12 月的月度生态系统碳输出通量，对其生态系统碳输出通量月度变化趋势进行比较分析。（见图 6-9）

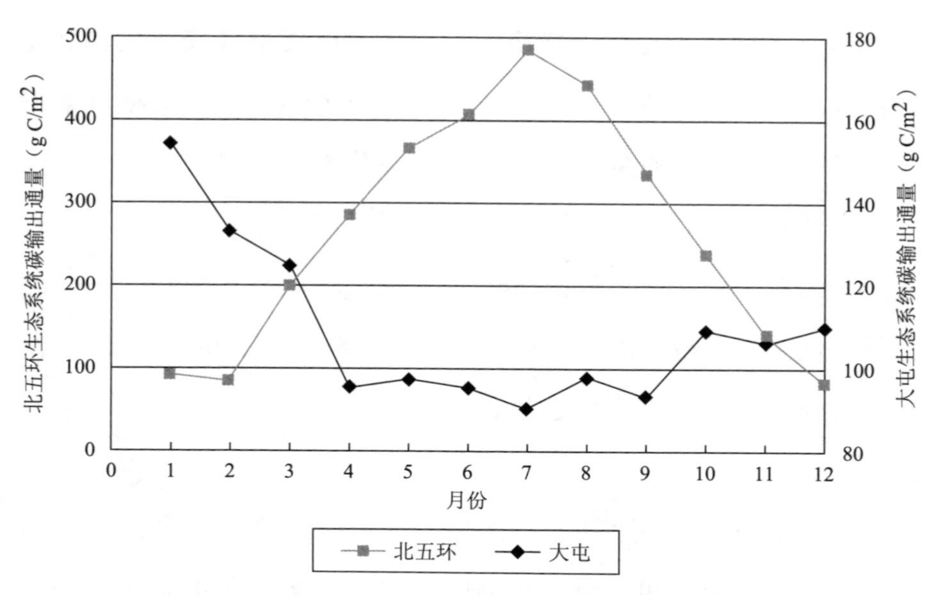

图 6-9 不同城市功能下垫面生态系统碳输出通量月度变化

（1）不同类型城市下垫面生态系统输出通量月度变化趋势差异较大。大屯—北辰西路相交路口案例区生态系统碳输出通量在月度尺度上，呈现出“高峰—低谷—高峰”的变化趋势，与北京市供暖期时间段相一致，1 月最高，为 154.00 g C/m^2，7 月最低，为 90.40 g C/m^2；北五环案例区生态系统碳输出通量在月度尺度上，呈现出“低谷—高峰—低谷”的变化趋势，其变化趋势与全年温度变化趋势一致，7 月最高，为 484.50 g C/m^2；12 月达到最低，为 83.48 g C/m^2。

（2）北五环案例区生态系统每月碳输出通量变化幅度高于大屯—北辰西路相交路口案例区。北五环案例区生态系统碳输出通量最高值为 484.5 g C/m^2，最低值为 83.48 g C/m^2，相差 401.02 g

C/m²；大屯北辰西路相交路口案例区碳输出通量最高值为 154.00 g C/m²，最低值为 90.40 g C/m²，相差 63.6 g C/m²。

6.6　大屯—北辰西路相交路口生态系统输出通量与交通 CO_2 排放关系研究

6.6.1　研究数据选取

大屯—北辰西路相交路口研究区域范围以通量站监测塔 1 为中心，根据 KM 模型确定的 2014 年通量贡献区 4 个方向最远距离为边界，面积为 722400m²。主要包括：科研教学区——中国科学院天地科学园区，居民小区——枫林绿洲部分区域，大型公共建筑——国家会议中心大酒店；城市主干道——大屯路（路面、隧道）和北辰西路，及少量绿地。案例区内主要为硬化地面，植被和土壤面积较少；科研教学区和居民小区内部车辆主要为停车，行驶的车辆一般会进入园区外道路，少有车辆仅在区域内部行驶。其中，科研教学区——中国科学院天地科学园区的直接 CO_2 排放主要包括植物呼吸、土壤呼吸、人口呼吸和园区内交通 CO_2 排放；居民小区——枫林绿洲的直接 CO_2 排放主要包括燃气燃烧、植被土壤呼吸、人口呼吸和小区内交通 CO_2 排放；大型公共建筑——国家会议中心大酒店的直接 CO_2 排放主要包括人口呼吸。

借鉴国际已有相关研究成果（Beniamino Gioli 等，2015），不考虑研究区内部的人口呼吸、少量植被和土壤，及科研教学区和居民小区内部车辆停靠产生的 CO_2 排放。为研究案例区内交通 CO_2 排放对其生态系统输出碳通量产生的影响，剔除供暖期数据，排除案例区内供暖产生的 CO_2 排放影响，选取案例区非供暖期（4—10 月）的生态系统碳输出通量数据，结合本书第三章到第五章估算得到的案例区交通 CO_2 排放数据，应用 SPSS 统计分析软件的 Correlation 和 Linear Regression 模块对生态系统碳输出通量与交通 CO_2 排放关系进行相关和回归分析。

6.6.2 研究结果

大屯—北辰西路相交路口案例区生态系统碳输出通量与交通 CO_2 排放相关关系分析结果见表 6-1。

表 6-1 大屯—北辰西路相交路口案例区生态系统碳输出通量与交通 CO_2 排放相关分析结果

	生态系统碳呼吸（g C/m^2）	交通 CO_2 排放（g）
生态系统碳呼吸（g C/m^2）	1	0.127
交通 CO_2 排放（g）	0.127	1

模型 Sig. = 0.034 < 0.05，模型通过检验；相关系数为 0.127 > 0，大屯—北辰西路相交路口案例区生态系统碳输出通量与交通 CO_2 排放呈现显著的正相关关系。

在相关分析结果的基础上，建立线性回归模型，解释交通 CO_2 排放对生态系统碳输出通量的影响及贡献，结果见表 4-2。

表 6-2　大屯—北辰西路相交路口案例区生态系统碳输出通量与交通 CO_2 排放回归分析结果

	非标准化系数		t	Sig.
	B	标准误		
常数	6.589×10^{-5}	0.002	0.035	0.972
交通 CO_2 排放	1.887×10^{-7}	0.000	494.265	0.000
Sig. <0.001，$R^2=0.999$				

模型 Sig. <0.001，模型通过检验；$R^2=0.999$，模型拟合效果好，大屯—北辰西路相交路口案例区非供暖期 CO_2 排放主要来源于区域内城市主干道大屯路和北辰西路的交通 CO_2 排放。得到的模型为

$$Re = 6.589 \times 10^{-5} + 1.887 \times 10^{-7} \times T$$

式中，Re 为生态系统碳输出通量，单位为 g C/m^2；T 为交通 CO_2 排放量，单位为 g。

6.7　北五环生态系统输出通量与交通 CO_2 排放关系研究

6.7.1　研究数据选取

北五环研究区域范围以通量站监测塔 2 为中心，其下垫面主要为奥林匹克森林公园的部分区域，临近环城高速公路——北五

环。基于对北五环案例区 2014 年生态系统碳输出通量的昼夜变化和月度变化特征分析结果，并结合其下垫面特征，认为植物呼吸和土壤呼吸是北五环案例区 CO_2 排放的最主要来源。

为了研究临近的环城高速公路——北五环交通 CO_2 排放对案例区生态系统碳输出通量的影响，选择温度较低的 1 月、2 月、11 月和 12 月的生态系统碳输出通量数据，尽可能地减小植物和土壤呼吸对研究结果的影响。结合本书第四章估算得到的北五环交通 CO_2 排放数据，应用 SPSS 统计分析软件中的 Correlation 和 Linear Regression 分析模块，对北五环案例区生态系统碳输出通量与交通 CO_2 排放关系进行分析。

6.7.2 研究结果

北五环案例区生态系统碳输出通量与交通 CO_2 排放相关关系分析结果见表 6-3。

表 6-3 北五环案例区生态系统碳输出通量与交通 CO_2 排放相关分析结果

	生态系统碳呼吸（g C/m^2）	交通 CO_2 排放（g）
生态系统碳呼吸（g C/m^2）	1	0.146
交通 CO_2 排放（g）	0.146	1

模型 Sig. $=0.008<0.01$，通过检验；相关系数为 $0.146>0$，北五环案例区生态系统碳输出通量与交通 CO_2 排放呈现出显著的正相关关系。

在相关分析结果的基础上，建立线性回归模型，解释交通CO_2排放对生态系统碳呼吸之间的关系，结果见表6-4。

表 6-4　北五环案例区生态系统碳输出通量与交通 CO_2排放回归分析结果

	非标准化系数		t	Sig.
	B	标准误		
常数	0.078	0.010	8.144	0.000
交通 CO_2排放	7.617×10^{-9}	0.000	2.674	0.008
Sig. =0.008，R^2=0.021				

模型 Sig. =0.008<0.01，模型通过检验；R^2=0.021，北五环案例区交通 CO_2排放对案例区内 CO_2排放的影响程度相对较小。得到的模型为

$$Re = 0.078 + 7.617 \times 10^{-9} \times T$$

式中，*Re* 为生态系统碳输出通量，单位为 g C/m²；*T* 为交通CO_2排放量，单位为 g。

第七章　结论和展望

7.1　结论

以典型大都市功能区——北京奥林匹克中心区为研究案例，基于通量贡献区 KM 模型，分别确定北五环和大屯—北辰西路两个典型路段的交通 CO_2 排放估算区域，采用“自下而上”方法，基于三层递进回归模型的七座及七座以下私人汽油乘用车排放因子估算结果着重对 MOVES（Motor Vehicle Emission Simulator）模型进行本地化修正后，结合交通流量监测分车型解译统计数据，对奥林匹克中心区内大屯—北辰西路相交路口和北五环 2 个城市典型路段 2014 年全年每 30 分钟的交通 CO_2 排放进行估算。并且，对奥林匹克中心区内大屯—北辰西路相交路口和北五环 2 个典型城市路段 2014 年 1—12 月交通 CO_2 排放在昼夜尺度和月尺度的动态变化特征进行系统性分析，着重对有限行的周一（周内第一个工作日）、周三（周内普通工作日）和不限行的周六（非工作日）的交通 CO_2 排放进行分析，并且评估不同类型车辆对交通 CO_2 排放的贡献。结合通量观测数据，对大屯—北辰西路相交路口和北

五环的交通 CO_2 排放与生态系统碳输出通量之间的关系进行探索分析。

主要研究成果如下：

（1）基于三层递进回归模型和问卷调研数据，重点对案例区交通主体——七座及七座以下私人汽油乘用车的排放因子进行估算，得到将驾驶行为习惯纳入模型，同时综合考虑车辆自身属性和道路交通状况，并且，适用于不同等级城市道路的车辆 CO_2 排放因子，根据结果对 MOVES 模型中七座及七座以下私人汽油乘用车 CO_2 排放因子进行本地化修正，大屯—北辰西路相交路口和北五环七座及七座以下私人汽油乘用车 CO_2 排放因子分别为 230.14g CO_2/km 和 212.41g CO_2/km。

（2）对两个典型道路路段的交通 CO_2 排放在不同时间尺度的变化特征进行了系统性分析。

2014 年全年，北五环案例区交通 CO_2 排放量共计 44391.51t，大屯—北辰西路相交路口案例区交通 CO_2 排放量共计 4045.36t。

在月度尺度上，北五环案例区 2014 年 2 月的交通 CO_2 排放量最低为 2859.00t，10 月最高为 4515.94t；大屯—北辰西路相交路口案例区 2 月最低为 255.22t，10 月最高为 391.92t。

在限行条件下，北五环案例区工作日（周一、周三）与非工作日（周六）的交通 CO_2 排放变化趋势之间存在显著的差别，限行的周一（周内第一个工作日）和周三（周内普通工作日）北五环案例区交通 CO_2 排放自早 6：00 至次日凌晨 1：00 呈现出“低谷—高峰—次低谷—高峰—低谷”的变化趋势；不限行的周六，其交通 CO_2 排放呈现出“低谷—高峰—低谷”的变化趋势。限行的周一（周内第一个工作日）、周三（周内普通工作日）和不限行的周六（非工作日）大屯—北辰西路相交路口案例区交通 CO_2 排放自早 6：00 至次日凌晨 1：00 均呈现出“低谷—高峰—次低谷—高峰—低谷”的变化趋势。

在昼夜尺度上，北五环和大屯—北辰西路相交路口案例区交通 CO_2 排放量，自早 6：00 至次日凌晨 1：00 均呈现出“低谷—高峰—次低谷—高峰—低谷”的变化趋势，其排放高峰时段与工作上下班时间相一致。

（3）环城高速公路交通 CO_2 排放结构与城市主干道存在明显区别。2014 年，北五环案例区交通 CO_2 排放中，载客汽车（76.72%）>载重汽车（22.57%）>公交车（0.71%）；大屯—北辰西路相交路口案例区的交通 CO_2 排放中，载客汽车（80.80%）>公交车（15.74%）>载重汽车（3.46%）。

（4）不同类型城市下垫面生态系统输出通量昼夜变化趋势差异较大。复杂城市功能下垫面——大屯—北辰西路相交路口案例区生态系统碳输出通量，自 0：00 至 24：00 呈现出“低谷—次高峰—次低谷—高峰—低谷”的变化趋势，与该案例区交通 CO_2 排放变化趋势一致；城市公园下垫面（临近环城高速公路）——北五环案例区生态系统碳输出通量，自 0：00 至 24：00 呈现出“低谷—高峰—低谷”的变化趋势，与该案例区一天内温度变化趋势大体一致。

（5）不同类型城市下垫面生态系统输出通量月度变化趋势差异较大。大屯—北辰西路相交路口案例区生态系统碳输出通量在月度尺度上，呈现出“高峰—低谷—高峰”的变化趋势，与北京市供暖期时间段相一致，1 月最高，为 154.00 g C/m^2，7 月最低，为 90.40 g C/m^2；北五环案例区生态系统碳输出通量在月度尺度上，呈现出“低谷—高峰—低谷”的变化趋势，其变化趋势与全年温度变化趋势一致，7 月最高，为 484.50 g C/m^2；12 月达到最低，为 83.48 g C/m^2。

（6）不同类型城市下垫面交通 CO_2 排放与生态系统碳输出通量之间均呈现出显著的正向相关关系，但贡献程度相差较大。

7.2 展望

（1）本研究表明，驾驶行为习惯对交通 CO_2 排放具有显著影响。传统的交通 CO_2 排放因子估算少有对驾驶行为进行考虑，尤其是国内学者在该方面的定量研究更少。在今后的研究中，可以基于本研究综合考虑驾驶行为习惯对七座及七座以下私人汽油乘用车排放因子估算结果，对其他车型的交通 CO_2 排放因子进行进一步估算。

（2）本研究已经完成对北京市奥林匹克中心区内 2 个典型城市道路路段，2014 年交通 CO_2 排放在昼夜尺度和月度尺度变化特征系统性的估算和分析。然而，限于交通流量监测数据获得和监测视频分车型解译统计工作的难度，在今后的研究中，可以基于本研究于2014年已有的数据结果，对年际变化进行进一步研究。

参考文献

[1] 蔡博峰，曹东，刘兰翠，等．中国交通二氧化碳排放研究［J］．气候变化研究进展，2011，7（3）：197-203.

[2] 蔡运龙．认识环境变化谋划持续发展——地理学的发展方向［J］．中国科学院院刊，2011，26（4）：190-196.

[3] 郝艳召，邓顺熙，邱兆文，等．基于 MOVES 的轻型车颗粒物排放来源和特征分析［J］．环境工程学报，2015，9（8）：3915-3922.

[4] 黄冠涛，宋国华，于雷，等．综合移动源排放模型 MOVES［J］．2010，28（4）：49-59.

[5] 黄晓燕，李沛权，曹小曙．广州社区居民通勤碳排放特征及其影响机理［J］．城市环境与城市生态，2014（10），27（5）：32-38.

[6] 顾朝林，谭纵波，刘宛，等．气候变化、碳排放与低碳城市规划研究进展［J］．城市规划学刊，2009（3）：38-45.

[7] 顾朝林，袁晓辉．建设北京世界城市的思考［J］．城市与区域规划研究，2012（01）：1-28.

[8] 国家发展和改革委员会应对气候变化司．2005 中国温室

气体清单研究［M］. 北京：中国环境出版社，2014.

［9］国家发改委. 国家发展改革委关于开展第二批低碳省区和低碳城市试点工作的通知［EB/OL］. http：//www.gov.cn/zwgk/2010-08/10/content_ 1675733.htm，2012-11-26.

［10］郭园园，曹罡，朱荣淑. 基于深圳本土化 MOVES 模型微观层次敏感性分析［J］. 交通信息与安全，2015（2）：116-123.

［11］环境保护部. 2013 年中国机动车污染防治年报［EB/OL］. http：//www.zhb.gov.cn/gkml/hbb/qt/201401/t20140126_266973.htm，2014-01-26.

［12］《机动车登记工作规范》（公交管〔2008〕185 号）.

［13］龚永喜，李贵才，林姚宇，等. 土地利用对城市居民出行碳排放的影响研究［J］. 城市发展研究，2013（9）：112-118.

［14］李迅，曹广忠，徐文珍，等. 中国低碳生态城市发展战略［J］. 城市发展研究，2010（1）：32-39.

［15］吕斌，孙婷. 低碳视角下城市空间形态紧凑度研究［J］. 地理研究，2013，32（6）：1057.

［16］马静，柴彦威，刘志林. 基于居民出行行为的北京市交通碳排放影响机理［J］. 地理学报，2011，66（8）：1023-1032.

［17］《汽车和半挂车的术语及定义》（GB/T3037.1-1988）.

［18］《汽车和挂车类型的术语和定义》（GB/T3730.1-2001）.

［19］沈清基，安超，刘昌寿. 低碳生态城市的内涵、特征及规划建设的基本原理探讨［J］. 城市规划汇刊，2010（5）：48-57.

[20] 苏涛永，张建慧，李金良，等. 城市交通碳排放影响因素实证研究——来自京津沪渝面板数据的证据 [J]. 工业工程与管理，2011，16（5）：134-138.

[21] 王同猛，管丞昊. 基于 MOVES 分析汽油组分对机动车的污染排放影响 [J]. 当代化工，2015，44（6）：1280-1283.

[22] 岳园圆，宋国华，黄冠涛等. MOVES 在微观层次交通排放评价中的应用研究 [J]. 交通信息与安全，2013（6）：47-53.

[23] 张广昕，孙晋伟. 基于 MOVES 的机动车排放分析及控制措施研究 [J]. 交通节能与环保，2013（1）：24-29.

[24] 赵荣钦，黄贤金. 城市生态系统碳循环：特征、机理与理论框架 [J]. 生态学报，2013，33（2）：358-366.

[25] 中国城市科学研究会. 中国低碳生态城市发展战略 [M]. 北京：中国城市出版社，2009.

[26] Adam Kristensson, Christer Johansson, Roger Westerholm, et al. Real-world traffic emission factors of gases and particles measured in a road tunnel in Stockholm, Sweden [J]. *Atmospheric Environment*, 2004（38）：657-673.

[27] Aijuan Wang, Yunshan Ge, Jianwei Tan, et al. On-road pollutant emission and fuel consumption characteristics of buses in Beijing [J]. *Journal of Environmental Sciences*, 2011, 23（3）：419-426.

[28] Andres Schmidt, Chris W. Rella, Mathias Gockede, et al.

Removing traffic emissions from CO_2 time series measured at a tall tower using mobile measurements and transport modeling [J]. *Atmospheric Environment*, 2014 (97): 94-108.

[29] Andrew M. Coutts, Jason Beringer, and Nigel J. Tapper. Characteristic influencing the variability of urban CO_2 fluxes in Melbourne, Australia [J]. *Atmospheric Environment*, 2007, 41 (1): 51-62.

[30] Ariela D' Angiola, Laura E. Dawidowski, and Dario R. Gomez, et al. On - road traffic emissions in a megacity [J]. *Atmospheric Environment*, 2010 (44): 483-493.

[31] Benjamin K. S., Marilyn A. B. Twelve metropolitan carbon footprints: A preliminary comparative global assessment [J]. *Energy Policy*, 2010 (38): 4856-4869.

[32] Beniamina Gioli, Giovanni Gualtieri, Caterina Busillo, et al. Improving high resolution emission inventories with local proxies and urban eddy covariance flux measurements [J]. *Atmospheric Environment*, 2015 (115): 246-256.

[33] B. Gioli, P. Toscano, E. Lugato, et al. Methane and carbon dioxide fluxes and source partitioning in urban areas: The case study of Florence, Italy [J]. *Environmental Pollution*, 2012 (164): 125-131.

[34] Bloomberg M R. City of New York: inventory of New York

City Greenhouse Gas Emissions [M]. New York: Jonathan Dickinson and Rishi Desai & Mayor's Office of Long-Term Planning and Sustainability, 2010.

[35] Calo Beatrice, Chiara Guido, Silvana Di Iorio. Experimental analysis of alternative fuel impact on a new "torque-controlled" light-duty diesel engine for passenger cars [J]. *Fuel*, 2010 (89): 3278-3286.

[36] C. Helfter, D. Famulari, G. J. Phillips, et al. Controls of carbon dioxide concentrations and fluxes above central London [J]. *Atmospheric Chemistry and Physics*, 2011 (11): 1913-1928.

[37] Christen A., Coops N. C., and Crawford B. R., et al. Validation of modeled carbon-dioxide emissions from an urban neighborhood with direct eddy-covariance measurements [J]. *Atmospheric Environment*, 2011 (45): 6057-6069.

[38] Christian B., Anna G., and Harry R, et al. Associations of individual, household and environmental characteristics with carbon dioxide emissions from motorized passenger travel [J]. *Applied Energy*, 2013 (104): 158-169.

[39] Christopher Yang, Dacid McCollum, Ryan McCarthy, et al. Meeting an 80% reduction in greenhouse gas emissions from transportation by 2050: A case study in California [J]. *Transportation Research Part D*, 2009, 14 (3): 147-156.

[40] ChuanguoZhang, and Jiang Nian. Panel estimation for transport sector CO_2 emissions and its affecting factors: A regional analysis in China [J]. *Energy Policy*, 2013 (63): 918-926.

[41] Cyranoski, David. Renewable energy: Beijing's windy bet [J]. *Nature*, 2009, 457 (7228): 372-374.

[42] D. Contini, A. Donateo, and C. Elefante, et al. Analysis of particles and carbon dioxide concentrations and fluxes in an urban area: Correlation with traffic rate and local micrometeorology [J]. *Atmospheric Environment*, 2012 (46): 25-35.

[43] Dongquan He, Fei Meng, and Michael Q. Wang, et al. Impacts of urban transportation mode split on CO_2 emissions in Jinan, China [J]. *Energy*, 2011 (4), 4 (4): 685-699.

[44] Erickson P., Eempest K. Advancing Climate Ambition: How City - Scale Actions Can Contribute to Global Climate Goals, Stockholm Environ. Inst., 2014.

[45] E. Velasco, R. Perrusquia, E. Jimenez, et al. Sources and sinks of carbon dioxide in a neighborhood of Mexico City [J]. *Atmospheric Environment*, 2014 (97): 226-238.

[46] E. Velasco, S. Pressley, and R. Grivicke, et al. Eddy covariance flux measurements of pollutant gases in urban Mexico City [J]. *Atmospheric Chemistry and Physics*, 2009, 9 (19): 7325-7342.

[47] Felicitas Mensing, Eric Bideaux, Rochdi Trigui, et al.

Eco-driving: An economic or ecologic driving style? [J]. *Transportation Research Part C*, 2014 (38): 110-121.

[48] Felix C and Dongquan H. Climate change mitigation and co-benefits of feasible transport demand policies in Beijing [J]. *Transportation Research Part D*, 2009 (24): 120-131.

[49] Greater London Authority. Action today to protect tomorrow: The mayor's climate change action plan [M]. London: Greater London Authority City Hall, 2007.

[50] Han Hao, Yong Geng and Hewu Wang, et al. Regional disparity of urban passenger transport associated GHG (greenhouse gas) emissions in China: A review [J]. *Energy*, 2014 (68): 783-793.

[51] Hatem Abou-Senna, Essam Radwan, Kurt Westerlund, et al. Using a traffic simulation model (VISSIM) with an emission model (MOVES) to predict emissions from vehicles on a limited-access highway [J]. *Journal of the Air & Waste Management Association*, 2013 (63): 819-831.

[52] Hui Guo, Qingyu Zhang, and Dahui Wang. On-road remote sensing measurements and fuel-based motor vehicle emission inventory in Hangzhou, China [J]. *Atmospheric Environment*, 2007 (5), 41 (14): 3095-3107.

[53] H. Z. Liu, J. W. Feng, and L. Jarvi, et al. Four-year (2006-2009) eddy covariance measurements over an urban

area in Beijing [J]. *Atmospheric Chemistry and Physics*, 2012 (12): 7881-7892.

[54] Intergovernmental Panel on Climate Change. 2006 IPCC Guidelines for National Greenhouse Gas Inventories [M]. Japan: Institute for Global Environmental Strategies (IGES), 2006.

[55] International Energy Agency (IEA). CO_2 Emissions from Fuel Combustion 2014 [M]. Paris: IEA Publication, 2014: 10-11.

[56] IPCC. Climate Change 2013. http://www.ipcc.ch/report/ar5/wg1/.

[57] Jarvi L., Rannik U., and Mammarella I., et al. Annual particle flux observations over a heterogeneous urban area [J]. *Atmospheric Chemistry and Physics*, 2009, 9 (20): 7847-7856.

[58] Jianlei Lang, Shuiyuan Cheng, Ying Zhou, et al. Air pollution emissions from on-road vehicles in China, 1999-2011 [J]. *Science of the Total Environment*, 2014 (496): 1-10.

[59] Jian Zhou, Jianyi Lin and Shenghui Cui, et al. Exploring the relationship between urban transportation energy consumption and transition of settlement morphology: A case study on Xiamen Island, China [J]. *Habitat International*, 2013 (37): 70-79.

[60] Jidong Kang, Tao Zhao, and Nan Liu, et al. A multi-sectoral decomposition analysis of city-level greenhouse gas emissions: Case study of Tianjin, China [J]. *Energy*, 2014 (68): 562-571.

[61] JinhyunHong, and Qing Shen. Residential density and transportation emissions: Examining the connection by addressing spatial autocorrelation and self-selection [J]. *Transportation Research Part D*, 2013 (22): 75-79.

[62] Johanna M. Clifford, C. David Cooper. A 2009 mobile source carbon dioxide emissions inventory for theuniversity of Central Florida [J]. *Journal of the Air & Waste Management Association*, 2012 (62): 1050-1060.

[63] Jun Bi, Rongrong Zhang, and Haikun Wang, et al. The benchmarks of carbon emissions and policy implications for China's cities: Case of Nanjing [J]. *Energy Policy*, 2011 (9), 39 (9): 4785-4794.

[64] Kebin He, Hong Huo, and Qiang Zhang, et al. Oil consumption and CO_2 emissions in China's road transport: current status, future trends, and policy implications [J]. *Energy Policy*, 2005 (8), 33 (12): 1499-1507.

[65] Kevin Robert Gurney. Track urban emissions on a human scale [J]. *Nature*, 2015, (525): 179-181.

[66] Lisa A. Graham, Greg Rideout, Deborah Rosenblatt, et al. Greenhouse gas emissions fromheavy-duty vehicles [J]. *Atmospheric Environment*, 2008 (42): 4665-4681.

[67] Lee Schipper, Celine Marie-Lilliu, and Roger Gorham. Fle-

xing the Link between Transport and Greenhouse Gas Emissions —— A Path for the World Bank. International Energy Agency, Paris, 2000.

[68] Marina K., Georgios F., and Leonidas N., et al. Use of portable emissions measurement system (PEMS) for the development and validation of passenger car emission factors [J]. *Atmospheric Environment*, 2013 (64): 329-338.

[69] Mensink, C, De Vlieger, I, and Nys, J. An urban transport emission model for the Antwerp area [J]. *Atmospheric Environment*, 2000, 34 (27): 4595-4602.

[70] Nancy B. G., Stanley H. F., and Nancy E. G., et al. Global Change and the Ecology of Cities [J]. *Science*, 2008, 319: 756-760.

[71] Phetkeo P., Shinji K. and Shobhakar D. Impacts of urbanization on national transport and road energy use: Evidence from low, middle and high income countries [J]. *Energy Policy*, 2012 (46): 268-277.

[72] P. J. Perez-Martinez, R. M. Miranda, T. Nogueira, et al. Emission factors of air pollutants from vehicles measured inside road tunnels in Sao Paulo: case studycomparison [J]. *International Journal of Environmental Science and Technology*, 2014 (11), 11 (8).

[73] Qingyu Zhang, Guojin Sun, Simai Fang, et al. Air pollutant

emissions from vehicles in China under various energy scenarios [J]. *Science of the Total Environment*, 2013 (450-451): 250-258.

[74] Rebecca V. Hiller, Joseph P. NcFadden, Natascha Kljun. Interpreting CO_2 fluxes over a suburban lawn: The influence of traffic emissions [J]. *Boundary-Layer Meteorol*, 2011 (138): 215-230.

[75] Shreejan Ram Shrestha, Nguyen Thi Kim Oanh, Quishi Xu, et al. Analysis of the vehicle fleet in the Kathmandu Valley for estimation of environment and climate co - benefits of technology intrusions [J]. *Atmospheric Environment*, 2013 (81): 579-590.

[76] Sze - Hwee Ho, Yiik - Diew Wong, Victor Wei - Chung Chang. Developing Singapore driving cycle for passenger cars to estimate fuel consumption and vehicular emissions [J]. *Atmospheric Environment*, 2014 (97): 353-362.

[77] Xianbao Shen, Zhiliang Yao, Qiang Zhang, et al. Development of database of real - world diesel vehicle emission factors for China [J]. *Journal of Envionmental Sciences*, 2015 (31): 209-220.

[78] Xing Wang, Dane Westerdahl, Ye Wu, et al. On-road emission factor distributions of individual diesel vehicles in and around Beijing, China [J]. *Atmospheric Environment*, 2011 (45): 503-513.

[79] YounggukSeo, and Seong-Min Kim. Estimation of greenhouse gas emissions from road traffic: A case study in Korea [J]. *Renewable and Sustainable Energy Reviews*, 2013 (28): 777-787.

[80] Zhiliang Yao, Xi Jiang, Xianbao Shen, et al. On road emission characteristics of carbonyl compounds for heavy-duty diesel trucks [J]. *Aerosol and Air Quality Research*, 2015 (15): 915-925.

附　录

各位受访者：

您好！为了更好地了解北京市家用汽车交通现状，为进一步改善北京居民出行交通条件提出合理建议，我们将进行一次小调查。请您在百忙之中能够阅读和填写问卷。问卷中涉及的所有个人信息，我们承诺严格保密，除供研究使用之外不做任何其他用途，研究人员以外的任何人不会了解到您的信息！

非常感谢您的支持！

中国科学院地理科学与资源研究所

2014 年 12 月

第一部分：基本信息

1. 您的性别？

男 □　　女 □

2. 您的年龄？

18~24 岁 □　　25~30 岁 □　　31~35 岁 □　　36~40 岁 □

41~50 岁 □　　51~60 岁 □　　60 岁以上 □

3. 您居住所在的区县？

海淀区 □　东城区 □　朝阳区 □　西城区 □
房山区 □　通州区 □　顺义区 □　怀柔区 □
门头沟区 □　石景山区 □　丰台区 □　平谷县 □
延庆县 □　密云县 □

4. 您工作单位所在的区县？

海淀区 □　东城区 □　朝阳区 □　西城区 □
房山区 □　通州区 □　顺义区 □　怀柔区 □
门头沟区 □　石景山区 □　丰台区 □　平谷县 □
延庆县 □　密云县 □

5. 您所居住的小区名称：________________

6. 您所接受的教育程度？

未受正规教育 □　小学 □　初中 □
高中/中专/技校/职高 □　大专 □　本科 □
硕士及以上 □

7. 您的婚姻状况？

未婚 □　已婚 □　离异 □　丧偶 □

8. 您的居住状况？

自有住房 □　租赁住房 □　单位住房 □
其他________

9. 您的子女数量：

没有孩子 □　1 个孩子 □　2 个孩子 □

3 个孩子 □　　3 个以上 □

10. 您的常住家庭人口数为：

只有我 1 个人 □　　只有我和我的父母 □

只有我和我的配偶 □　　我和我的配偶及子女 □

我和我的子女 □　　其他 □

11. 您的个人月收入为：

无收入 □　　600 元以下 □　　601−800 □

801～1000 元 □　　1001～1500 元 □　　1501～2000 元 □

2001～2500 元 □　　2501～3000 元 □　　3001～3500 元 □

3501～4000 元 □　　4001～5000 元 □　　5001～6000 元 □

6001～7000 元 □　　7001～8000 元 □　　8001～9000 元 □

9001～10000 元 □　　10001～15000 元 □　　15001～20000 元 □

20001～25000 元 □　　25001～30000 元 □　　30001～35000 元 □

35001～40000 元 □　　45001～50000 元 □　　50000 以上元 □

12. 家庭月收入为：

无收入元 □　　600 元以下元 □　　601～800 元 □

801～1000 元 □　　1001～1500 元 □　　1501～2000 元 □

2001～2500 元 □　　2501～3000 元 □　　3001～3500 元 □

3501～4000 元 □　　4001～5000 元 □　　5001～6000 元 □

6001～7000 元 □　　7001～8000 元 □　　8001～9000 元 □

9001～10000 元 □　　10001～15000 元 □　　15001～20000 元 □

20001～30000 元 □　　30001～40000 元 □　　40001～50000 元 □

50001~70000 元 □ 70001~100000 元 □ 100000 以上元 □

13. 您工作所属的行业?

通信 □ 计算机 □ 社会服务 □

旅游/酒店/餐饮 □ 商业/贸易/进出口 □

财会 □ 金融业 □ 保健/美容 □

交通/运输/物流 □ 互联网/电子商务 □

法律 □ 批发业 □ 咨询/调查 □

印刷/包装/造纸 □ 矿业/冶金/制造业 □

学生 □ 中介服务 □ 公关/会展 □

能源/水利 □ 政府机关/非营利机构 □

军队 □ 农林渔畜牧业 □ 建筑业/房地产 □

广告/媒体/出版/文化传播 □ 教育/培训/科研/院校 □

制药/医疗/生物工程/卫生服务 □ 其他________

14. 您所处的职位?

普通员工 □ 中层管理者 □ 高层管理者 □

公司董事 □ 其他________

第二部分:车辆信息

1. 您家里有几辆车?

1 辆 □ 2 辆 □ 2 辆以上 □

2. 您的汽车属于以下哪一类?

轿车:微型 □ 小型 □ 紧凑型 □ 中型 □

中大型 □　　豪华型 □

SUV：小型 □　　紧凑型 □　　中型 □

中大型 □　　全尺寸 □　　面包车 □

跑车 □　　MPV（多用途汽车）□　　商务车 □

3. 您的汽车品牌是：

德系品牌

奥迪 □　　AC Schnitzer □　　宝马 □　　奔驰 □

保时捷 □　　巴博斯 □　　大众 □　　KTM □

卡尔森 □　　MINI □　　欧宝 □　　smart □

泰卡特 □　　西雅特 □　　其他：________

日韩品牌

本田 □　　丰田 □　　光冈 □　　铃木 □　　雷克萨斯 □

朗世 □　　马自达 □　　讴歌 □　　日产 □　　三菱 □

斯巴鲁 □　　英菲尼迪 □　　起亚 □　　双龙 □

现代 □　　其他：________

美系品牌

别克 □　　道奇 □　　福特 □　　菲斯克 □　　GMC □

Jeep □　　凯迪拉克 □　　克莱斯勒 □　　林肯 □

乔治·巴顿 □　　山姆 □　　特斯拉 □　　雪佛兰 □

星客特 □　　其他：________

欧系其他

标致 □　　DS □　　雷诺 □　　雪铁龙 □

阿斯顿·马丁 □　宾利 □　捷豹 □　路虎 □

劳斯莱斯 □　路特斯 □　迈凯轮 □　摩根 □

阿尔法·罗密欧 □　布拉迪 □　菲亚特 □

法拉利 □　莲花 □　荣威 □　兰博基尼 □

玛莎拉蒂 □　依维柯 □　科尼塞克 □　沃尔沃 □

斯柯达 □　其他：________

自主品牌

奇瑞 □　红旗 □　吉利 □　比亚迪 □　长安 □

华晨 □　哈飞 □　金杯 □　长城 □　奥拓 □

其他：________

4. 您的汽车具体型号是：________

5. 您汽车的排量为：

1. 3L 以下 □　1. 3~1. 6L □　1. 7~2L □

2. 1~3L □　3. 1~5L □　5L 以上 □

6. 您使用的燃料类型属于以下哪一种？

汽油 □　柴油 □　乙醇汽油（E 型汽油）□

压缩天然气 □　液化石油气 □　液化煤层气 □

甲醇燃料 □　混合燃料 □　油电混合动力 □

其他________

7. （1）您常使用的汽油标号为以下哪一种？

89 号 □　90 号 □　92 号 □　93 号 □

95 号 □　97 号 □　其他________

（2）您常使用的柴油标号为以下哪一种？

5#柴油 □　0#柴油 □　-10#柴油 □　-20#柴油 □

-35#柴油 □　-50#柴油 □　其他________

8. 截至2014年12月，您汽车的总行驶里程为：________（千米）

9. 您汽车的购买年限为：

1995年以前 □

1995年 □　1996年 □　1997年 □　1998年 □

1999年 □　2000年 □　2001年 □　2002年 □

2003年 □　2004年 □　2005年 □　2006年 □

2007年 □　2008年 □　2009年 □　2010年 □

2011年 □　2012年 □　2013年 □　2014年 □

第三部分：使用信息

1. 您上班的单位距家所在小区的距离为：________千米。

工作日平均每天大约行驶总里程________千米，周末一般每天大约行驶总里程________千米。

2. 早高峰开车上班单程花费时间为：

10分钟以内 □　10~20分钟 □　20~30分钟

0.5~1小时 □　1~1.5小时 □　1.5~2小时 □

2小时以上 □

3. 晚高峰开车上班单程花费时间为：

10 分钟以内 □　10~20 分钟 □　20~30 分钟

0.5~1 小时 □　1~1.5 小时 □　1.5~2 小时 □

2 小时以上 □

4. 您开车的主要用途：

上下班代步 □　接送小孩 □

商务活动 □　外出旅游 □

5. 您除了限号当日，其余工作日和周末是否每天都开车出行：

是 □　不是 □

若不是，一般每周 7 天您有几天开车外出：

1 天 □　2 天 □　3 天 □　4 天 □

5 天 □　6 天 □　7 天 □

6. 不开车时您出行选择常用的交通方式为：

公交车 □　出租车 □　地铁 □　黑车 □　自行车 □

摩托车 □　班车 □　多人拼车 □　步行 □

7. 您汽车每年平均行驶里程约为：________（千米）。

其中每年高速公路行驶里程约为________（千米），国道或省道行驶里程约为________（千米），市区行驶里程约为______（千米）。

8. 您汽车的百公里平均油/气耗约：________（升）。

其中，春秋季行驶百公里平均油/气耗：________（升），夏季（6—8 月开空调）行驶百公里平均油/气耗：______（升），冬季（12—1 月开空调）行驶百公里平均油/气耗：________（升）。

9. 您开车遇到红绿灯等候时间大于60秒的十字路口时，等候红灯方式：

熄火等候 □　　　　空档怠速等候 □；

您在遇到红灯时的日常刹车方式：

提前缓慢刹车 □　　快速刹车 □　　急刹车 □

10. 您日常开车起步或加速行驶习惯：

猛加油和加速 □　　平缓加油和匀加速 □

11. 您开车行驶时，后备箱是否经常存放着以下物品：

运动装备 □　　婴儿车 □　　健身包 □　　矿泉水 □

工具箱 □　　　其他______；

若是，存放物品重量为：

小于10公斤 □　　10~25公斤 □

25~50公斤 □　　大于50公斤 □

12. 您启动车后行驶习惯：

原地热车超过一分钟 □　　　启动后马上行驶 □

慢行几分钟后匀加速行驶 □

13. 您春夏秋季是否经常开窗行驶？

是 □　　不是 □；

喜欢开窗行驶时的一般车速（千米/小时）在：

60以下 □　　60~70 □　　70~80 □

80~90 □　　90以上 □

14. 您今后有考虑更换或购买新能源汽车的意愿吗？

有 □　没有 □

若有，将可能考虑：

燃料电池汽车 □　　插电式混合动力汽车 □

混合动力汽车 □　　电动汽车 □